1+X 职业技能鉴定考核指导手册

U0268772

电 工

五 级

编审委员会

主　任　　张　岚　魏丽君

委　员　　顾卫东　葛恒双　孙兴旺　张　伟　李　晔

　　　　　刘汉成

执行委员　　李　晔　瞿伟洁　夏　莹

中国劳动社会保障出版社

图书在版编目(CIP)数据

电工：五级/人力资源社会保障部教材办公室等组织编写. -- 北京：中国劳动社会保障出版社，2018

（1＋X职业技能鉴定考核指导手册）

ISBN 978-7-5167-3620-3

Ⅰ. ①电… Ⅱ. ①人… Ⅲ. ①电工技术-职业技能-鉴定-自学参考资料 Ⅳ. ①TM

中国版本图书馆 CIP 数据核字（2018）第 201954 号

中国劳动社会保障出版社出版发行

（北京市惠新东街1号 邮政编码：100029）

*

北京鑫海金澳胶印有限公司印刷装订 新华书店经销

787 毫米×960 毫米 16 开本 12 印张 196 千字

2018 年 9 月第 1 版 2024 年 12 月第 6 次印刷

定价：33.00 元

营销中心电话：400-606-6496

出版社网址：http://www.class.com.cn

前　言

推行职业资格证书制度，对广大劳动者系统地学习相关职业的知识和技能，提高就业能力、工作能力和职业转换能力有着重要的作用和意义，也为企业用工和劳动者自主择业提供了依据。

随着我国科技进步、产业结构调整和市场经济的不断发展，特别是加入世界贸易组织以后，各种新兴职业不断涌现，传统职业的知识和技术也愈来愈多地融进当代新知识、新技术、新工艺的内容。为适应新形势的发展，优化劳动力素质，上海市人力资源和社会保障局在提升职业标准、完善技能鉴定方面做了积极的探索和尝试，推出了1＋X培训鉴定模式。1＋X中的1代表国家职业标准，X是为适应经济发展的需要，对职业标准进行的提升，包括了对职业的部分知识和技能要求进行的扩充和更新。1＋X的培训鉴定模式，得到了人力资源社会保障部的肯定。

为配合开展的1＋X培训与鉴定考核的需要，使广大职业培训鉴定领域的专家和参加职业培训鉴定的考生对考核内容、具体考核要求有一个全面的了解，人力资源社会保障部教材办公室、中国就业培训技术指导中心上海分中心、上海市职业技能鉴定中心联合组织有关方面的专家、技术人员共同编写了1＋X职业技能鉴定考核指导手册。该手册由"理论知识复习题""操作技能复习题"和"理论知识考试模拟试卷及操作技能考核模拟试卷"三大块内容组成，书中介绍了题库的命题依据、试卷结构和题型题量，同时从上海市1＋X鉴定题库中抽取部分理论知识题、操作技能题和模拟样卷供考生练习，便于考生能够有针对性地进行考前复习准备。今后我们会随着国家职业标准和鉴定题库的提升，逐步对手册内容进行补充和完善。

本系列手册在编写过程中，得到了有关专家和技术人员的大力支持，在此一并表示感谢。

由于时间仓促，缺乏经验，如有不足之处，恳请各使用单位和个人提出宝贵建议。

1＋X职业技能鉴定考核指导手册

编审委员会

目　录

CONTENTS　1＋X职业技能鉴定考核指导手册

电工职业简介

一、职业名称

电工。

二、职业定义

从事机械设备电气系统线路和元器件等安装、调试、维护和修理的人员。

三、主要工作内容

从事的主要工作包括：（1）使用电工工具和仪器仪表；（2）对企业的供配电系统进行维护和管理，对各种动力、照明线路进行材料选型、敷设、安装和检修；（3）对电气设备中常用电气元器件进行拆装和检修；（4）对继电接触控制系统进行设计、选型、安装和维修；（5）对可编程序控制器（PLC）应用系统进行设计、安装、维修、编程和调试，应用可编程序控制器与人机界面或其他设备进行通信；（6）对典型的模拟和数字电子电路进行元器件选型、安装、调试，根据电气设备的需求设计相关电子线路；（7）对典型的电力电子设备进行安装、调试和维修，对交直流调速系统等进行安装、调试和维修；（8）对典型机床电气控制系统进行安装和调试，排除机床等电气设备的故障；（9）对与电气自动控制有关的智能化设备、计算机控制系统、网络通信设备进行安装、配置、调试和维修。

第1部分

电工（五级）鉴定方案

一、鉴定方式

电工（五级）的鉴定方式分为理论知识考试和操作技能考核。理论知识考试采用闭卷机考方式，操作技能考核采用实际操作方式。理论知识考试和操作技能考核均实行百分制，成绩皆达 60 分及以上者为合格。理论知识或操作技能不合格者可按规定分别补考。

二、理论知识考试方案（考试时间 90 min）

题库参数 题型	考试方式	鉴定题量（题）	分值（分/题）	配分（分）
判断题	闭卷机考	60	0.5	30
单项选择题		70	1	70
小计	—	130	—	100

三、操作技能考核方案

考核项目表

职业（工种）			电工		等级	五　级		
职业代码								
序号	项目名称	单元编号	单元内容	考核方式	选考方法	考核时间（min）	配分（分）	
1	电气安装和线路敷设	1	动力、照明及控制电路的安装和配管	操作	抽一	30	15	
		2	动力、照明电路的接线和调试	操作				
		3	控制电路的接线和调试	操作	必考	60	25	
2	继电控制、照明电路调试和维修	1	低压电器及电动机的拆装和维修	操作	抽一	30	10	
		2	照明线路的维修	操作				
		3	电动机控制电路的维修	操作	必考	30	25	
3	基本电子电路安装和调试	1	基本放大电路的安装和调试	操作	抽一	30	25	
		2	简单的电子应用电路的安装和调试	操作				
合　计						180	100	
备注								

第2部分

鉴定要素细目表

职业名称					电工	等级	五级
职业代码							
序号	鉴定点代码				鉴定点内容	备注	
	章	节	目	点			
	1				基础知识与相关知识		
	1	1			电工基础知识		
	1	1	1		直流电路		
1	1	1	1	1	电阻的基本概念		
2	1	1	1	2	电阻的混联		
3	1	1	1	3	电流的方向		
4	1	1	1	4	电位的概念		
5	1	1	1	5	电压的概念		
6	1	1	1	6	欧姆定律		
7	1	1	1	7	基尔霍夫电压定律的概念		
8	1	1	1	8	基尔霍夫电流定律的概念		
9	1	1	1	9	电功与电功率		
10	1	1	1	10	电阻功率的计算		
11	1	1	1	11	电动势的概念		
12	1	1	1	12	电源中电动势和端电压的关系		
13	1	1	1	13	电源的外特性		
14	1	1	1	14	电位的分析及计算		

职业名称				电工	等级	五级
职业代码						

序号	鉴定点代码				鉴定点内容	备注
	章	节	目	点		
15	1	1	1	15	电容器的性能	
16	1	1	1	16	电容的串联和并联使用	
	1	1	2		磁与电磁知识	
17	1	1	2	1	逆磁物质、顺磁物质和铁磁物质	
18	1	1	2	2	匀强磁场中的磁感应强度	
19	1	1	2	3	通电直导体在磁场中受力方向的确定	
20	1	1	2	4	电磁力的概念	
21	1	1	2	5	电磁感应的基本概念	
22	1	1	2	6	磁场的基本概念	
23	1	1	2	7	磁力线的方向	
24	1	1	2	8	铁磁物质的磁导率	
25	1	1	2	9	磁化现象	
26	1	1	2	10	铁磁材料的分类	
	1	1	3		正弦交流电路	
27	1	1	3	1	正弦交流电的三要素	
28	1	1	3	2	正弦交流电的相位关系	
29	1	1	3	3	正弦交流电的表示法	
30	1	1	3	4	RLC 串联电路的基本概念	
31	1	1	3	5	三相对称负载上的电压和电流	
32	1	1	3	6	三相供电系统中相电压与线电压的关系	
33	1	1	3	7	旋转磁场	
34	1	1	3	8	功率因数的概念	
35	1	1	3	9	纯电阻电路的功率因数	
36	1	1	3	10	正弦交流电的瞬时值	
37	1	1	3	11	正弦交流电的角频率	
38	1	1	3	12	RL 串联电路的基本概念	

续表

序号	鉴定点代码				鉴定点内容	备注
	章	节	目	点		
	职业名称			电工	等级	五级

序号	章	节	目	点	鉴定点内容	备注
39	1	1	3	13	RC串联电路的基本概念	
40	1	1	3	14	纯电阻交流电路的概念	
41	1	1	3	15	三相负载的联结	
42	1	1	3	16	三相对称负载上线电压与相电压的关系	
	1	1	4		电工常用工具与材料知识	
43	1	1	4	1	移动式电动工具电源导线类型的选择	
44	1	1	4	2	磁性材料铝镍钴合金的用途	
45	1	1	4	3	导电材料的性能	
46	1	1	4	4	验电笔的使用方法	
	1	1	5		电气安全技术知识	
47	1	1	5	1	停电检修的安全措施	
48	1	1	5	2	带电作业的操作方法	
49	1	1	5	3	低压公用电网的配电系统	
50	1	1	5	4	线路装置的安全技术	
51	1	1	5	5	安全电压	
	1	2			低压电器知识	
	1	2	1		低压电器的基本概念	
52	1	2	1	1	低压电器的定义及用途	
53	1	2	1	2	低压电器的分类	
	1	2	2		低压熔断器、刀开关、低压断路器	
54	1	2	2	1	熔断器的概念	
55	1	2	2	2	低压熔断器的基本结构及基本原理	
56	1	2	2	3	低压熔断器的主要技术参数	
57	1	2	2	4	螺旋式熔断器及其使用	
58	1	2	2	5	刀开关的基本结构及用途	
59	1	2	2	6	熔断器式刀开关及其使用	

续表

职业名称				电工	等级	五级
职业代码						

序号	鉴定点代码				鉴定点内容	备注
	章	节	目	点		
60	1	2	2	7	胶盖瓷底刀开关及其使用	
61	1	2	2	8	低压断路器的功能及分类	
62	1	2	2	9	低压断路器的基本结构及基本原理	
63	1	2	2	10	低压断路器的脱扣器类型及用途	
64	1	2	2	11	漏电保护开关的用途及分类	
65	1	2	2	12	电流动作型漏电保护开关的工作原理	
	1	2	3		接触器、继电器	
66	1	2	3	1	接触器的用途及分类	
67	1	2	3	2	交流接触器的基本结构及基本原理	
68	1	2	3	3	交流接触器铁芯上的短路环、触头及灭弧装置	
69	1	2	3	4	交流接触器的应用方法	
70	1	2	3	5	直流接触器的基本结构及基本原理	
71	1	2	3	6	中间继电器的基本结构及使用	
72	1	2	3	7	电流继电器的规格及基本构造	
73	1	2	3	8	电流继电器的应用方法	
74	1	2	3	9	电压继电器的类型及用途	
75	1	2	3	10	电压继电器的应用方法	
76	1	2	3	11	速度继电器的基本结构及基本原理	
77	1	2	3	12	速度继电器的应用方法	
78	1	2	3	13	时间继电器的类型及用途	
79	1	2	3	14	空气阻尼式时间继电器的类型及基本结构	
80	1	2	3	15	热继电器的类型及用途	
81	1	2	3	16	热继电器的基本结构及基本原理	
82	1	2	3	17	热继电器的应用方法	
83	1	2	3	18	压力继电器的规格、基本构造及工作原理	
	1	2	4		其他低压电器	

续表

序号	鉴定点代码				鉴定点内容	备注
	章	节	目	点		
84	1	2	4	1	主令电器的种类	
85	1	2	4	2	行程开关的种类及选择	
86	1	2	4	3	电阻的种类及基本结构	
87	1	2	4	4	频敏变阻器	
88	1	2	4	5	频敏变阻器的应用方法	
89	1	2	4	6	电磁铁的种类及用途	
90	1	2	4	7	电磁吸力与气隙大小的关系	
91	1	2	4	8	电磁离合器的种类及用途	
92	1	2	4	9	电磁离合器的基本原理	
	1	3			变压器与电动机	
	1	3	1		变压器	
93	1	3	1	1	变压器的基本原理及用途	
94	1	3	1	2	变压器的分类	
95	1	3	1	3	变压器的型号	
96	1	3	1	4	变压器的额定数据	
97	1	3	1	5	变压器的基本结构	
98	1	3	1	6	变压器的绕组	
99	1	3	1	7	变压器绕组的极性关系及测定	
100	1	3	1	8	变压器的联结组标号	
101	1	3	1	9	变压器的空载运行	
102	1	3	1	10	变压器的负载运行	
	1	3	2		特殊变压器	
103	1	3	2	1	自耦变压器及其特点	
104	1	3	2	2	自耦变压器的使用方法及注意事项	
105	1	3	2	3	电流互感器及其用途	
106	1	3	2	4	电流互感器的使用方法及注意事项	

职业名称：电工　　等级：五级　　职业代码：

序号	职业名称				电工	等级	五级
	职业代码						
序号	鉴定点代码				鉴定点内容		备注
	章	节	目	点			
107	1	3	2	5	电压互感器及其用途		
108	1	3	2	6	电压互感器的使用方法及注意事项		
109	1	3	2	7	电焊变压器及其特点		
110	1	3	2	8	电焊变压器的焊接电流调节		
	1	3	3		交流异步电动机		
111	1	3	3	1	交流异步电动机的分类		
112	1	3	3	2	交流异步电动机的基本结构和组成		
113	1	3	3	3	交流异步电动机的额定功率和工作方式		
114	1	3	3	4	交流异步电动机的额定电压和额定电流		
115	1	3	3	5	交流异步电动机的联结		
116	1	3	3	6	交流异步电动机的基本原理		
117	1	3	3	7	交流异步电动机的转速、转差率与频率的关系		
118	1	3	3	8	交流异步电动机的启动		
119	1	3	3	9	自耦变压器减压启动		
120	1	3	3	10	交流异步电动机 Y/△启动		
121	1	3	3	11	绕线转子异步电动机转子串电阻启动		
122	1	3	3	12	交流异步电动机的调速方法		
123	1	3	3	13	交流异步电动机改变转差率的调速		
124	1	3	3	14	交流异步电动机的电气制动		
125	1	3	3	15	中小型交流异步电动机的保养及常见故障		
	1	4			相关知识		
	1	4	1		划线的基本知识		
126	1	4	1	1	划线基准的选择		
127	1	4	1	2	分度头的使用方法		
	1	4	2		钻孔、切削、锯割、攻螺纹及套螺纹		
128	1	4	2	1	錾削软材料时楔角的选择		

续表

序号	章	节	目	点	鉴定点内容	备注
	职业名称			电工	等级	五级

序号	章	节	目	点	鉴定点内容	备注
129	1	4	2	2	锯割工件时的起锯方式	
130	1	4	2	3	麻花钻头的前角和后角对钻孔的影响	
131	1	4	2	4	攻螺纹前钻孔直径的选择	
	1	4	3		锡焊的基本知识	
132	1	4	3	1	焊剂的选用	
133	1	4	3	2	锡焊的工艺	
	1	4	4		灯线管的弯曲	
134	1	4	4	1	有焊缝管的弯曲	
135	1	4	4	2	薄壁钢管的弯曲	
	2				专业知识	
	2	1			电气控制	
	2	1	1		识图知识	
136	2	1	1	1	电气图的分类	
137	2	1	1	2	电气制图的原则	
138	2	1	1	3	电气制图的图示符号	
139	2	1	1	4	电气控制原理图的阅读与分析	
	2	1	2		动力与照明	
140	2	1	2	1	白炽灯的工作原理及安装	
141	2	1	2	2	荧光灯的工作原理及安装	
142	2	1	2	3	碘钨灯及其安装	
143	2	1	2	4	照明线路安装要求	
144	2	1	2	5	动力线路安装要求	
145	2	1	2	6	灯具常见故障及排除	
	2	1	3		交流异步电动机的电气控制	
146	2	1	3	1	三相笼型异步电动机全压启动控制	
147	2	1	3	2	三相笼型异步电动机正反转控制	

续表

序号	鉴定点代码				鉴定点内容	备注
	职业名称		电工		等级	五级
	职业代码					
序号	章	节	目	点	鉴定点内容	备注
148	2	1	3	3	三相笼型异步电动机顺序控制	
149	2	1	3	4	三相笼型异步电动机多地控制	
150	2	1	3	5	三相笼型异步电动机位置控制	
151	2	1	3	6	三相笼型异步电动机自动往返控制	
152	2	1	3	7	三相笼型异步电动机定子绕组串联电阻减压启动控制	
153	2	1	3	8	三相笼型异步电动机自耦变压器减压启动控制	
154	2	1	3	9	三相笼型异步电动机星形-三角形减压启动控制	
155	2	1	3	10	三相笼型异步电动机能耗制动控制	
156	2	1	3	11	三相绕线转子异步电动机的启动控制	
157	2	1	3	12	三相双速电动机的简单控制	
	2	2			电子技术与电工测量	
	2	2	1		电子技术	
158	2	2	1	1	半导体的基础知识	
159	2	2	1	2	PN 结的基本概念	
160	2	2	1	3	晶体二极管的结构	
161	2	2	1	4	晶体二极管的伏安特性	
162	2	2	1	5	晶体二极管的主要参数	
163	2	2	1	6	晶体二极管的测试方法	
164	2	2	1	7	稳压管的伏安特性	
165	2	2	1	8	稳压管的主要参数	
166	2	2	1	9	光敏二极管	
167	2	2	1	10	发光二极管	
168	2	2	1	11	晶体三极管的结构	
169	2	2	1	12	晶体三极管的电流放大作用	
170	2	2	1	13	晶体三极管的输入、输出特性	
171	2	2	1	14	晶体三极管的主要参数	

续表

序号	鉴定点代码				鉴定点内容	备注
	章	节	目	点		
	职业名称				电工　　等级　五级	
172	2	2	1	15	单相半波整流电路的工作原理、波形及计算	
173	2	2	1	16	单相桥式整流电路的工作原理、波形及计算	
174	2	2	1	17	单相全波整流电路的工作原理、波形及计算	
175	2	2	1	18	电容滤波电路的工作原理及计算	
176	2	2	1	19	电感滤波电路的工作原理、波形及计算	
177	2	2	1	20	稳压管稳压电路的工作原理及计算	
178	2	2	1	21	简单串联晶体管稳压电路的工作原理	
179	2	2	1	22	基本放大电路的工作原理	
180	2	2	1	23	基本放大电路的简单计算	
	2	2	2		电工仪表及测量	
181	2	2	2	1	电工仪表的分类及符号	
182	2	2	2	2	测量误差的概念	
183	2	2	2	3	磁电系仪表的结构和工作原理	
184	2	2	2	4	磁电系仪表的特点及用途	
185	2	2	2	5	直流电流的测量方法及电流量程的扩大	
186	2	2	2	6	直流电压的测量方法及电压量程的扩大	
187	2	2	2	7	电磁系仪表的结构和工作原理	
188	2	2	2	8	电磁系仪表的特点及用途	
189	2	2	2	9	电流互感器	
190	2	2	2	10	电压互感器	
191	2	2	2	11	交流电流的测量方法	
192	2	2	2	12	交流电压的测量方法	
193	2	2	2	13	钳形电流表	
194	2	2	2	14	万用表的结构及工作原理	
195	2	2	2	15	万用表的使用方法及其注意事项	
196	2	2	2	16	电动系仪表的结构和工作原理	

续表

职业名称				电工	等级	五级
职业代码						

序号	鉴定点代码				鉴定点内容	备注
	章	节	目	点		
197	2	2	2	17	电动系仪表的特点及用途	
198	2	2	2	18	功率表的结构和工作原理	
199	2	2	2	19	功率表的接线及读数方法	
200	2	2	2	20	使用功率表的注意事项	
201	2	2	2	21	低功率因数功率表	
202	2	2	2	22	感应系仪表的结构和工作原理	
203	2	2	2	23	感应系仪表的特点及用途	
204	2	2	2	24	交流电能的测量	
205	2	2	2	25	电能表的接线及使用注意事项	
206	2	2	2	26	兆欧表的结构和工作原理	
207	2	2	2	27	兆欧表的使用方法及其注意事项	

第3部分

理论知识复习题

基础知识与相关知识

一、判断题（将判断结果填入括号中。正确的填"√"，错误的填"×"）

1. 若将一段电阻值为 R 的导线均匀拉长至原来的 2 倍，则其电阻值为 $2R$。　　（　　）

2. 将 4 个 0.5 W、100 Ω 的电阻分为 2 组，分别并联后再 2 组串联连接，可以构成 1 个 1 W、100 Ω 的电阻。　　（　　）

3. 正电荷定向移动的方向是电流的方向。　　（　　）

4. 电位是相对于参考点的电压。　　（　　）

5. 电路中某个节点的电位就是该点的电压。　　（　　）

6. 1.4 Ω 的电阻接在内阻为 0.2 Ω、电动势为 1.6 V 的电源两端，内阻上通过的电流是 1.4 A。　　（　　）

7. $\sum IR = \sum E$ 适用于任何有电源的回路。　　（　　）

8. $\sum I = 0$ 适用于节点和闭合曲面。　　（　　）

9. 用电多少通常用"度"来做单位，它是表示电功率的物理量。　　（　　）

10. 两个 100 W、220 V 的灯泡串联在 220 V 电源上，每个灯泡的实际功率是 25 W。　　（　　）

11. 电源电动势是衡量电源输送电荷能力大小的物理量。　　（　　）

12. 电源中的电动势只存在于电源内部，其方向由负极指向正极。　　（　　）

13. 在一个闭合电路中，当电源内阻一定时，电源的端电压随电流的增大而增大。（　　）

14. 在图 3—1 所示的电路中，c 点的电位是－3 V。（　　）

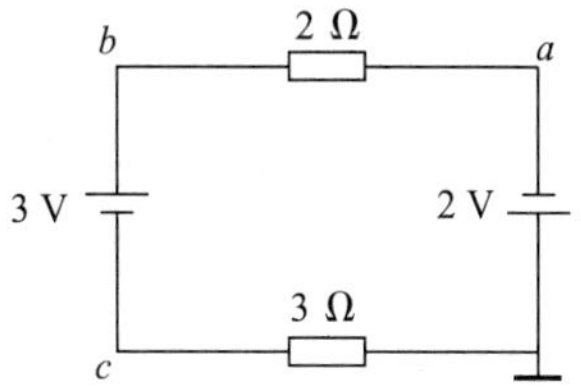

图 3—1

15. 电容具有隔直流、通交流的作用。（　　）

16. 电容与电阻一样，可以串联使用，也可以并联使用，并联的电容越多则总的电容容量就越小。（　　）

17. 根据物质磁导率的大小可以把物质分为逆磁物质、顺磁物质和铁磁物质。（　　）

18. 匀强磁场中各点磁感应强度的大小与介质的性质有关。（　　）

19. 通电直导体在磁场中受力的方向应按左手定则确定。（　　）

20. 通电导体在与磁力线平行位置时，受的力最大。（　　）

21. 当导体在磁场里沿磁力线方向运动时，产生的感应电动势为 0。（　　）

22. 两个极性相反的条形磁铁相互靠近时相互排斥。（　　）

23. 磁力线总是从 N 极出发到 S 极终止。（　　）

24. 铁磁物质的磁导率 μ 很高，是一个常数，并且随磁场强度 H 或磁感应强度 B 而变化。（　　）

25. 铁磁物质在外磁场作用下产生磁性的过程称为磁化。（　　）

26. 铁磁材料可分为软磁、硬磁、矩磁三大类。（　　）

27. 正弦交流电的三要素是指最大值、角频率、初相位。（　　）

28. 若一个正弦交流电比另一个正弦交流电提前到达正的峰值，则前者比后者滞后。（　　）

29. 用三角函数可以表示正弦交流电有效值的变化规律。（　　）

30. RLC 串联电路中，总电压的瞬时值等于各元器件上电压瞬时值之和。（　　）

31. 三相对称负载星形联结时，线电压与相电压的相位关系是线电压超前于相电压 30°。 （　　）

32. 三相供电系统无论是否接对称负载，相电压总是等于线电压的 $1/\sqrt{3}$。 （　　）

33. 三相交流电能产生旋转磁场，这是电动机旋转的根本原因。 （　　）

34. 功率因数反映的是电路对电源输送功率的利用率。 （　　）

35. 纯电阻电路的功率因数一定等于 1，如果某电路的功率因数为 1，则该电路一定是只含电阻的电路。 （　　）

36. 正弦交流电 $i=10\sqrt{2}\sin\omega t$ 的瞬时值不可能等于 15 A。 （　　）

37. 通常把正弦交流电每秒变化的电角度称为频率。 （　　）

38. RL 串联电路中，电感上电压超前于电流 90°。 （　　）

39. RC 串联电路中，电容上电压滞后于电流 90°。 （　　）

40. 纯电阻交流电路中，电压与电流的有效值、最大值、瞬时值、平均值均符合欧姆定律。 （　　）

41. 额定电压为 380 V、星形的负载联结在 380 V 的三相电源上，应采用三角形联结。 （　　）

42. 三相对称负载星形联结时，其线电压一定为相电压的 $\sqrt{3}$ 倍。 （　　）

43. 移动式电动工具用的电源线应选用通用橡套电缆。 （　　）

44. 铝镍钴合金是硬磁材料，是用来制造各种永久磁铁的。 （　　）

45. 用作导电材料的金属通常要求具有较好的导电性能、化学性能和焊接性能。 （　　）

46. 使用验电笔前，一定要先在有电的电源上检查验电笔是否完好。 （　　）

47. 停电检修设备没有做好安全措施应认为有电。 （　　）

48. 带电作业应由经过培训、考试合格的持证电工单独进行。 （　　）

49. 上海地区低压公用电网的配电系统采用 TT 系统。 （　　）

50. 临时用电线路严禁采用三相一地、二相一地、一相一地制供电。 （　　）

51. 机床或钳工台上的局部照明，行灯应使用 36 V 及以下电压。 （　　）

52. 在低压电路内进行通断、保护控制，以及对电路参数起检测或调节作用的电气设备属于低压电器。 （　　）

53．低压配电电器具有接通和断开电路电流的作用。　　　　　　　　　　　　（　　　）

54．低压熔断器在低压配电设备中，主要用于过载保护。　　　　　　　　　　（　　　）

55．熔断器是将低熔点、易熔断、导电性能良好的合金金属丝或金属片串联在被保护电路中，从而达到保护功能。　　　　　　　　　　　　　　　　　　　　　　　　（　　　）

56．熔断器的额定电压必须大于或等于所接电路的额定电压。　　　　　　　　（　　　）

57．螺旋式熔断器在电路中的正确装接方法是电源线应接到熔断器上接线座，负载线应接到下接线座。　　　　　　　　　　　　　　　　　　　　　　　　　　　　（　　　）

58．刀开关主要用于隔离电源。　　　　　　　　　　　　　　　　　　　　　（　　　）

59．熔断器式刀开关一般可用于直接接通和断开电动机。　　　　　　　　　　（　　　）

60．胶盖瓷底刀开关安装和使用时，应将电源进线接在静插座上，用电设备接在刀开关下面熔丝的出线端。　　　　　　　　　　　　　　　　　　　　　　　　　　　（　　　）

61．低压断路器在功能上是一种既有手动开关又能自动进行欠电压、过载和短路保护的低压电器。　　　　　　　　　　　　　　　　　　　　　　　　　　　　　　　（　　　）

62．低压断路器在使用时，其额定电压应大于等于线路额定电压，其额定电流应大于等于所控制负载的额定电流。　　　　　　　　　　　　　　　　　　　　　　　　（　　　）

63．低压断路器的热脱扣器利用双金属片的特性，当电路过载时使双金属片弯曲，带动脱扣机构使断路器跳闸，从而达到过载保护目的。　　　　　　　　　　　　　　（　　　）

64．漏电保护开关能够检测与判断到触电或漏电故障后自动切断故障电路，用于人身触电保护和电气设备漏电保护。　　　　　　　　　　　　　　　　　　　　　　　（　　　）

65．设备正常运行时，电流动作型漏电保护开关中零序电流互感器铁芯无磁通，二次绕组无电压输出。　　　　　　　　　　　　　　　　　　　　　　　　　　　　　（　　　）

66．按接触器的电磁线圈励磁方式分类，接触器可以分为直流励磁方式与交流励磁方式。
　　　　　　　　　　　　　　　　　　　　　　　　　　　　　　　　　　　（　　　）

67．交流接触器铭牌上的额定电流是指主触头和辅助触头的额定电流。　　　（　　　）

68．交流接触器铁芯上装短路环的作用是减小铁芯的振动和噪声。　　　　　（　　　）

69．交流接触器的额定电流应根据被控制电路中电流大小和使用类别来选择。　（　　　）

70．直流接触器切断电路时，由于电流不过零点，灭弧比交流接触器困难，故采用磁吹

灭弧。 （　　）

71. 中间继电器的触头有主辅之分。 （　　）

72. 电流继电器线圈的特点是匝数少，导线粗，阻抗大。 （　　）

73. 过电流继电器在正常工作时，线圈通过的电流在额定值范围内，过电流继电器所处的状态是吸合动作，常闭触头断开。 （　　）

74. 当欠电压继电器线圈电压低于其额定电压时衔铁不吸合，而当线圈电压很低时衔铁才释放。 （　　）

75. 电压继电器的线圈特点是匝数多而导线细，电压继电器在电路中与信号电压串联。 （　　）

76. 速度继电器主要由定子、转子、端盖、机座等部分组成。 （　　）

77. 速度继电器考虑到电动机的正反转需要，其触头也有正转与反转触头各1对。 （　　）

78. 晶体管时间继电器也称为半导体时间继电器或电子式时间继电器。 （　　）

79. 空气阻尼式时间继电器有通电延时动作和断电延时动作两种。 （　　）

80. 热继电器有双金属片式、热敏电阻式、易熔合金式等，其中双金属片式应用最广泛。 （　　）

81. 热元件是热继电器的主要部分，它由双金属片及围绕在双金属片外的电阻丝组成。 （　　）

82. 每种额定电流的热继电器只能装入一种额定电流的热元件。 （　　）

83. 压力继电器装在气路、水路或油路的分支管路中，当管路中压力超过整定值时，通过缓冲器、橡胶薄膜推动顶杆，使微动开关触头动作接通控制回路；当管路中压力低于整定值时，顶杆脱离微动开关，使触头复位，切断控制回路。 （　　）

84. 行程开关、万能转换开关、接近开关、断路器、按钮等属于主令电器。 （　　）

85. 行程开关应根据动作要求和触头数量来选择。 （　　）

86. 电阻器适用于长期工作制、短时工作制、反复短时工作制三种工作制类型。 （　　）

87. 频敏变阻器的阻抗随电动机的转速下降而减小。 （　　）

88. 频敏变阻器接入绕线转子异步电动机转子回路后，在电动机启动的瞬间，能有效地

限制电动机启动电流，其原因是转子电流的频率等于交流电源频率，此时频敏变阻器的阻抗值最大。　（　　）

89．起重电磁铁用于起重吊运磁性重物（如钢锭、钢材等），这种电磁铁没有衔铁，被吊运的重物代替衔铁。　（　　）

90．直流电磁铁的电磁吸力在衔铁启动时最大，而在吸合时最小。　（　　）

91．摩擦片式电磁离合器主要由铁芯、线圈、摩擦片组成。　（　　）

92．电磁离合器的工作原理是电流的磁效应。　（　　）

93．变压器是利用电磁感应原理制成的一种静止的交流电磁设备。　（　　）

94．电力变压器主要用于供配电系统。　（　　）

95．一台变压器型号为 S7-500/10，其中 500 代表额定容量为 500 V·A。　（　　）

96．对三相变压器来说，额定电压是指相电压。　（　　）

97．为了减小变压器铁芯内的磁滞损耗和涡流损耗，铁芯多采用高磁导率、厚度为 0.35 mm 或 0.5 mm 的表面涂绝缘漆硅钢片叠成。　（　　）

98．变压器绕组有同心式和交叠式两种。　（　　）

99．设想有一个电流分别从两个同名端同时流入，该电流在两个绕组中产生的磁场方向是相同的，即两个绕组的磁场是相互加强的。　（　　）

100．三相变压器的联结组标号为 Y/Y-12，表示高压侧星形联结、低压侧三角形联结。　（　　）

101．理想双绕组变压器的电压比等于一次侧、二次侧匝数比。　（　　）

102．变压器正常运行时，在电源电压一定的情况下，当负载增加时，主磁通也增加。　（　　）

103．自耦变压器实质上就是用改变绕组抽头的方法来调节电压的一种单绕组变压器。　（　　）

104．自耦变压器一次、二次绕组间具有电的联系，所以接到低压侧的设备均要求按高压侧的高压绝缘。　（　　）

105．电流互感器正常工作时，二次绕组绝对不能短路。　（　　）

106．使用电流互感器时，二次绕组允许装设熔断器。　（　　）

107. 电压互感器运行时，接近空载状态，二次侧不准短路。　　　　　　（　　）

108. 电压互感器正常工作时，二次绕组绝对不能开路。　　　　　　　　（　　）

109. 电焊变压器是一种特殊的降压变压器，空载时输出电压约为 30 V，有负载时电压为 60～75 V。　　　　　　　　　　　　　　　　　　　　　　　（　　）

110. 改变电焊变压器焊接电流的大小，可以改变与二次绕组串联的电抗器的感抗大小，即调节电抗器铁芯的气隙长度。气隙长度减小，感抗增加，焊接电流减小。　　（　　）

111. 异步电动机按转子的结构形式分为单相和三相两类。　　　　　　　（　　）

112. 异步电动机按转子的结构形式分为笼型和绕线型两类。　　　　　　（　　）

113. 异步电动机的额定功率是指在额定运行的情况下，从轴上输出的机械功率。

（　　）

114. 三相异步电动机额定电压是指其在额定工作状况运行时，输入电动机定子三相绕组的相电压。　　　　　　　　　　　　　　　　　　　　　　　　（　　）

115. 三相异步电动机的铭牌上标明额定电压为 220 V/380 V，其应是 Y/△联结。

（　　）

116. 三相异步电动机转子绕组中的电流由电磁感应产生。　　　　　　　（　　）

117. 三相异步电动机定子极数越多，则转速越高，反之则越低。　　　　（　　）

118. 减压启动虽能降低电动机启动电流，但此法一般只适用于电动机空载或轻载启动。

（　　）

119. 自耦变压器减压启动器以 80％的抽头减压启动时，三相异步电动机的启动电流是全压启动电流的 80％。　　　　　　　　　　　　　　　　　　　（　　）

120. 交流异步电动机 Y/△减压启动虽能降低电动机的启动电流，但一般只适用于电动机空载或轻载启动。　　　　　　　　　　　　　　　　　　　　　（　　）

121. 绕线转子异步电动机转子绕组串电阻启动适用于笼型或绕线型异步电动机。

（　　）

122. 改变三相异步电动机定子绕组的极数，可以改变电动机的转速。　　（　　）

123. 绕线转子异步电动机转子串电阻调速时，电阻变大，转速变高。　　（　　）

124. 能耗制动是将转子惯性动能转化为电能，并消耗在转子回路的电阻上。（　　）

125. 异步电动机的故障一般分为电气故障与机械故障。 （　　）

126. 划线时，划线基准应尽量和加工基准一致。 （　　）

127. 利用分度头可以在工件上划出等分线或不等分线。 （　　）

128. 錾削铜、铝等软材料时，楔角取 $30°\sim50°$。 （　　）

129. 锯割工件时，起锯方式有远起锯和近起锯两种，一般情况下采用远起锯较好。 （　　）

130. 麻花钻头前角的大小决定着切削材料的难易程度和切屑在前面上的摩擦阻力。

（　　）

131. 为了用 M8 的丝锥在铸铁件上攻螺纹，先要在铸铁件上钻孔，如使用手提电钻钻孔，应选用 $\phi 6.6$ mm 的钻头。 （　　）

132. 钎焊钢件应使用的焊剂是盐酸。 （　　）

133. 上锡时，要避免导线上锡层太厚或不均匀。 （　　）

134. 弯曲有焊缝的管子时，焊缝必须放在弯曲内层的位置。 （　　）

135. 弯曲直径大、壁薄的钢管前，应在管内灌满、灌实沙子。 （　　）

二、单项选择题（选择一个正确的答案，将相应的字母填入题内的括号中）

1. 若将一段电阻值为 R 的导线均匀拉长至原来的2倍，则其电阻值为（　　）。

　　A. $2R$　　　　　　B. $1/2R$　　　　　　C. $4R$　　　　　　D. $1/4R$

2. 若将一段电阻值为 R 的导线均匀拉长至原来的（　　），则其电阻值为 $4R$。

　　A. 2 倍　　　　　　B. 1/2　　　　　　C. 4 倍　　　　　　D. 1/4

3. 4 个 0.5 W、100 Ω 的电阻（　　），可以构成 1 个 1 W、100 Ω 的电阻。

　　A. 全部串联

　　B. 全部并联

　　C. 分为 2 组，分别并联后再 2 组串联

　　D. 用 2 个并联后再与其余 2 个串联

4. 4 个 0.5 W、100 Ω 的电阻分为 2 组，分别并联后再 2 组串联连接，可以构成 1 个（　　）的电阻。

　　A. 0.5 W、100 Ω　　　　　　　　B. 1 W、100 Ω

　　C. 1 W、200 Ω　　　　　　　　D. 0.5 W、400 Ω

5.（   ）是电流的方向。

    A. 负电荷定向移动的方向   B. 电子定向移动的方向

    C. 正电荷定向移动的方向   D. 正电荷定向移动的相反方向

6. 电流为正值时，表示电流的方向与（   ）。

    A. 参考方向相同   B. 参考方向相反

    C. 参考方向无关   D. 电子定向移动的方向相同

7. 关于电位的概念，（   ）的说法是正确的。

    A. 电位就是电压   B. 电压是绝对值

    C. 电位是相对值   D. 参考点的电位不一定等于零

8. 电路中某点的电位就是（   ）。

    A. 该点的电压   B. 该点与相邻点之间的电压

    C. 该点到参考点之间的电压   D. 参考点的电位

9. 电路中任意两点之间的电压就是（   ）。

    A. 这两点的电压   B. 这两点与参考点之间的电压

    C. 这两点之间的电位差   D. 这两点的电位

10. 电压与电流一样，（   ）。

    A. 有大小   B. 有方向

    C. 不仅有大小，而且有方向   D. 不分大小与方向

11. 1.4 Ω 的电阻接在内阻为 0.2 Ω、电动势为 1.6 V 的电源两端，内阻上通过的电流是（   ）A。

    A. 1   B. 1.4   C. 1.6   D. 0.2

12.（   ）Ω 的电阻接在内阻为 0.2 Ω、电动势为 1.6 V 的电源两端，内阻上通过的电流是 1 A。

    A. 1   B. 1.4   C. 1.6   D. 0.2

13. $\sum IR = \sum E$ 适用于（   ）。

    A. 复杂电路   B. 简单电路

    C. 有电源的回路   D. 任何闭合回路

14. 基尔霍夫电压定律的形式为（　　），适用于任何闭合回路。

　　A. $\sum IR = 0$ 　　　　　　　　　　　B. $\sum IR + \sum E = 0$

　　C. $\sum IR = \sum E$ 　　　　　　　　　D. $\sum E = 0$

15. $\sum I = 0$ 适用于（　　）。

　　A. 节点 　　　　　　　　　　　　　B. 复杂电路的节点

　　C. 闭合曲面 　　　　　　　　　　　D. 节点和闭合曲面

16. 基尔霍夫电流定律的形式为（　　），适用于节点和闭合曲面。

　　A. $\sum IR = 0$ 　　B. $\sum IR = \sum E$ 　　C. $\sum I = 0$ 　　D. $\sum E = 0$

17. 用电多少通常用"度"来做单位，它表示的是（　　）。

　　A. 电功 　　　　B. 电功率 　　　　C. 电压 　　　　D. 热量

18. 用电多少通常用"（　　）"来做单位，它表示的是电功。

　　A. 瓦特 　　　　B. 度 　　　　　C. 伏特 　　　　D. 卡路里

19. 两个 100 W、220 V 的灯泡串联在 220 V 电源上，每个灯泡的实际功率是（　　）W。

　　A. 220 　　　　B. 100 　　　　C. 50 　　　　D. 25

20. 两个（　　）W、220 V 的灯泡串联在 220 V 电源上，每个灯泡的实际功率是 25 W。

　　A. 220 　　　　B. 100 　　　　C. 50 　　　　D. 25

21. 电源电动势就是（　　）。

　　A. 电压

　　B. 外力将单位正电荷从电源负极移动到电源正极所做的功

　　C. 衡量电场力做功本领大小的物理量

　　D. 电源两端电压的大小

22. 关于电源电动势的概念，（　　）的说法是正确的。

　　A. 电源电动势就是电压

　　B. 电源电动势是衡量电源输送电荷能力大小的物理量

　　C. 电源电动势是衡量电场力做功本领大小的物理量

D. 电源电动势是电源两端电压的大小

23. 电源中电动势只存在于电源内部，其方向（　　）；端电压只存在于电源的外部，其方向由正极指向负极。

    A. 由负极指向正极   B. 由正极指向负极

    C. 不定   D. 与端电压相同

24. 一般情况下，电源的端电压总是（　　）电源内部的电动势。

    A. 高于   B. 低于   C. 等于   D. 超过

25. 在一个闭合电路中，当电源内阻一定时，电源的端电压随电流的增大而（　　）。

    A. 减小   B. 增大   C. 不变   D. 增大或减小

26. 在一个闭合电路中，当电源内阻一定时，电源的端电压随电流的（　　）而增大。

    A. 减小   B. 增大   C. 变化   D. 增大或减小

27. 如图 3—2 所示电路，b 点的电位是（　　）V。

    A. 2   B. 0

    C. 3   D. −3

28. 如图 3—2 所示电路，a 点的电位是（　　）V。

    A. 2   B. 0

    C. −2   D. −3

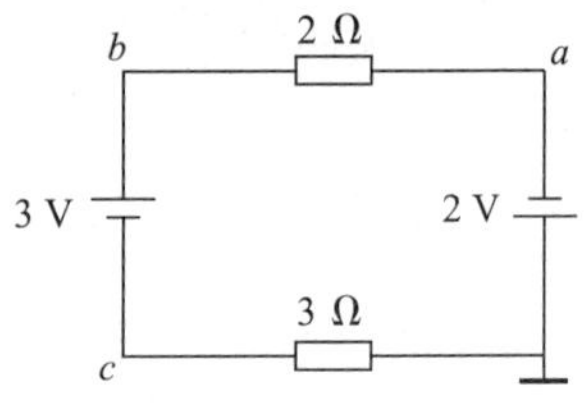

图 3—2

29. 电容具有（　　）的作用。

    A. 隔直流、通交流   B. 隔交流、通直流

    C. 直流、交流都能通过   D. 直流、交流都被隔离

30. （　　）具有隔直流、通交流的作用。

    A. 电容   B. 电感   C. 电阻   D. 电源

31. 4 个 100 μF 的电容并联，可以构成 1 个（　　）μF 的电容。

    A. 100   B. 200   C. 400   D. 25

32. 4 个 100 μF 的电容串联，可以构成 1 个（　　）μF 的电容。

    A. 50   B. 200   C. 400   D. 25

33. 根据物质磁导率的大小可以把物质分为（　　）。

A. 逆磁物质和顺磁物质　　　　　　B. 逆磁物质和铁磁物质

C. 顺磁物质和铁磁物质　　　　　　D. 逆磁物质、顺磁物质和铁磁物质

34. 根据（　　）可以把物质分为逆磁物质、顺磁物质和铁磁物质。

A. 物质磁导率的大小　　　　　　　B. 磁感应强度的大小

C. 是否容易磁化　　　　　　　　　D. 磁性的大小

35. 匀强磁场中各点磁感应强度的大小与（　　）。

A. 该点所处位置有关　　　　　　　B. 所指的面积有关

C. 介质的性质无关　　　　　　　　D. 介质的性质有关

36. （　　）各点磁感应强度的大小是相同的。

A. 磁场不同位置　　　　　　　　　B. 通电导线周围

C. 匀强磁场中　　　　　　　　　　D. 铁磁物质中

37. 通电直导体在磁场中受力的方向应按（　　）确定。

A. 右手定则　　B. 右手螺旋定则　　C. 左手定则　　　D. 左手螺旋定则

38. 通电直导体在磁场中（　　）应按左手定则确定。

A. 受力的方向　　　　　　　　　　B. 产生磁场的方向

C. 产生电流的方向　　　　　　　　D. 受力的大小

39. 通电导体在（　　）的位置时受力最大。

A. 与磁力线平行　　　　　　　　　B. 与磁力线垂直

C. 与磁力线夹角为 45°　　　　　　D. 与磁力线夹角为 30°

40. 通电导体在与磁力线垂直的位置时受力（　　）。

A. 最大　　　　　　　　　　　　　B. 最小

C. 在最大与最小之间　　　　　　　D. 无法判断

41. 导体在磁场里沿磁力线方向运动时，产生的感应电动势（　　）。

A. 最大　　　　　B. 较大　　　　　C. 为 0　　　　　　D. 较小

42. 导体在磁场里（　　）运动时，产生的感应电动势最大。

A. 沿磁力线方向　　　　　　　　　B. 与磁力线垂直方向

C. 与磁力线夹角为 45°方向　　　　D. 与磁力线夹角为 30°方向

43. 两个极性相同的条形磁铁相互靠近时（　　）。

    A. 相互吸引　　B. 相互排斥　　C. 互不影响　　D. 有时吸引，有时排斥

44. 两个极性相反的条形磁铁相互靠近时（　　）。

    A. 相互吸引　　B. 相互排斥　　C. 互不影响　　D. 有时吸引，有时排斥

45. 磁力线在磁体外部是（　　）。

    A. 从 S 极出发到 N 极终止　　　　B. 从 N 极出发到 S 极终止

    C. 从磁体向外发散　　　　　　　　D. 无规则分布

46. 磁力线在（　　）是从 N 极出发到 S 极终止。

    A. 任何空间　　B. 磁体内部　　C. 磁体外部　　D. 磁体两端

47. 铁磁物质是一类（　　）的物质。

    A. 磁导率很高　　　　　　　　　　B. 磁导率很低

    C. 相对磁导率很高　　　　　　　　D. 相对磁导率很低

48. 铁磁物质是一类相对磁导率（　　）的物质。

    A. $\mu_r < 1$　　B. $\mu_r = 1$　　C. $\mu_r > 1$　　D. $\mu_r \gg 1$

49. （　　）在外磁场作用下产生磁性的过程称为磁化。

    A. 顺磁物质　　B. 逆磁物质　　C. 铁磁物质　　D. 非铁磁物质

50. 铁磁物质在外磁场作用下（　　）的过程称为磁化。

    A. 产生磁性　　B. 抵抗磁性　　C. 产生热量　　D. 产生电流

51. 铁磁材料可分为软磁、（　　）、矩磁三大类。

    A. 顺磁　　　　B. 逆磁　　　　C. 硬磁　　　　D. 剩磁

52. （　　）可分为软磁、硬磁、矩磁三大类。

    A. 顺磁物质　　B. 逆磁物质　　C. 铁磁物质　　D. 非铁磁物质

53. 正弦交流电的三要素是指（　　）。

    A. 最大值、频率、角频率　　　　　B. 有效值、频率、角频率

    C. 最大值、角频率、相位　　　　　D. 最大值、角频率、初相位

54. 正弦交流电的三要素是指最大值、（　　）、初相位。

    A. 频率　　　　B. 有效值　　　　C. 角频率　　　　D. 相位

55. 两个正弦交流电，如果（　　）正的峰值，则前者比后者超前。

A. 一个比另一个提前到达　　　　　　B. 一个比另一个延迟到达

C. 一起到达　　　　　　　　　　　　D. 不论先后到达

56. 若一个正弦交流电比另一个正弦交流电提前到达正的峰值，则前者比后者（　　）。

A. 滞后　　　　B. 超前　　　　C. 同相位　　　　D. 不能判断初相位

57. 用三角函数可以表示正弦交流电（　　）的变化规律。

A. 最大值　　　B. 有效值　　　C. 平均值　　　D. 瞬时值

58. 用（　　）可以表示正弦交流电瞬时值的变化规律。

A. 符号法　　　B. 复数　　　C. 三角函数　　　D. 矢量

59. RLC串联电路中，（　　）的瞬时值等于各元器件上电压瞬时值之和。

A. 总电压　　　B. 电容上电压　　　C. 电阻上电压　　　D. 电感上电压

60. RLC串联电路中，总电压（　　）。

A. 超前于电流　　　　　　　　　　　B. 滞后于电流

C. 与电流同相位　　　　　　　　　　D. 与电流的相位关系是不确定的

61. 三相对称负载星形联结时，线电压与相电压的相位关系是（　　）。

A. 相电压超前于线电压30°　　　　　B. 线电压超前于相电压30°

C. 线电压超前于相电压120°　　　　 D. 相电压超前于线电压120°

62. 三相对称负载星形联结时，线电流与相电流的关系是（　　）。

A. 相电流小于线电流　　　　　　　　B. 线电流小于相电流

C. 线电流与相电流相等　　　　　　　D. 不能确定的

63. 在三相供电系统中，相电压与线电压的关系是（　　）。

A. 线电压=$\sqrt{3}$相电压　　　　　　　B. 相电压=$\sqrt{3}$线电压

C. 线电压=$1/\sqrt{3}$相电压　　　　　　D. 相电压=$\sqrt{2}$线电压

64. 在三相供电系统中，相电压与线电压的相位关系是（　　）。

A. 相电压超前于线电压30°　　　　　B. 线电压超前于相电压30°

C. 线电压超前于相电压120°　　　　 D. 相电压与线电压同相位

65. 三相交流电通到电动机的三相对称绕组中能（　　），是电动机旋转的根本原因。

    A. 产生脉动磁场　　　　　　　　B. 产生旋转磁场

    C. 产生恒定磁场　　　　　　　　D. 产生合成磁场

66. （　）通到电动机的三相对称绕组中能产生旋转磁场，是电动机旋转的根本原因。

    A. 三相交流电　　　　　　　　　B. 三个单相交流电

    C. 直流电　　　　　　　　　　　D. 步进脉冲

67. （　）反映了电路对电源输送功率的利用率。

    A. 无功功率　　　B. 有功功率　　　C. 视在功率　　　D. 功率因数

68. 功率因数反映了电路对（　　）的利用率。

    A. 电源输送功率　　　　　　　　B. 负载功率

    C. 视在功率　　　　　　　　　　D. 无功功率

69. 如果某电路的功率因数为1，则该电路（　　）。

    A. 一定只含电阻　　　　　　　　B. 一定包含电阻和电感

    C. 一定包含电阻、电容和电感　　D. 可能包含电阻、电容和电感

70. 如果某电路的（　　），则该电路可能是只含电阻、也可能是包含电阻，电容和电感的电路。

    A. 无功功率为1　　　　　　　　B. 功率因数为1

    C. 电阻上电压与电流同相位　　　D. 电容量和电感量相等

71. 正弦交流电 $i = 10\sqrt{2}\sin\omega t$ 的瞬时值不可能等于（　　）A。

    A. 10　　　　　B. 0　　　　　C. 11　　　　　D. 15

72. 正弦交流电 $i = 10\sqrt{2}\sin\omega t$ 的最大值等于（　　）A。

    A. 10　　　　　B. 20　　　　　C. 14　　　　　D. 15

73. 通常把正弦交流电每秒变化的电角度称为（　　）。

    A. 角度　　　　B. 频率　　　　C. 弧度　　　　D. 角频率

74. 通常把正弦交流电每秒变化的（　　）称为角频率。

    A. 电角度　　　B. 频率　　　　C. 弧度　　　　D. 角度

75. RL 串联电路中，总电压（　　）。

    A. 超前于电流　　　　　　　　　B. 滞后于电流

　　C. 与电流同相位　　　　　　　　D. 与电流的相位关系是不确定的

76. RL 串联电路中，电感上电压（　　　）。

　　A. 超前于电流　　　　　　　　　　B. 滞后于电流

　　C. 超前于电流 90°　　　　　　　　D. 滞后于电流 90°

77. RC 串联电路中，总电压（　　　）。

　　A. 超前于电流　　　　　　　　　　B. 滞后于电流

　　C. 与电流同相位　　　　　　　　　D. 与电流的相位关系是不确定的

78. RC 串联电路中，电容上电压（　　　）。

　　A. 超前于电流　　　　　　　　　　B. 滞后于电流

　　C. 超前于电流 90°　　　　　　　　D. 滞后于电流 90°

79. 纯电阻交流电路中，电阻上的电压（　　　）。

　　A. 超前于电流　　　　　　　　　　B. 滞后于电流

　　C. 与电流同相位　　　　　　　　　D. 与电流的相位关系是不确定的

80. 纯电阻交流电路中，电压与电流的（　　　）欧姆定律。

　　A. 有效值符合，最大值不符合

　　B. 平均值符合，瞬时值不符合

　　C. 瞬时值符合，有效值不符合

　　D. 有效值、最大值、瞬时值、平均值均符合

81. 额定电压为 660 V/380 V、Y/△ 的负载联结在 380 V 的三相电源上，正确的是
（　　　）。

　　A. △联结　　　　　　　　　　　　B. Y 联结

　　C. △、Y 联结　　　　　　　　　　D. 必须 Y/△ 转换

82. 额定电压为 220 V、三角形的负载联结在线电压为 380 V 的三相电源上，正确的是
（　　　）。

　　A. △联结　　　　　　　　　　　　B. Y 联结

　　C. △、Y 联结　　　　　　　　　　D. 必须 Y/△ 转换

83. 三相对称负载星形联结时，其线电压一定（　　　）。

A. 与相电压相等   B. 等于三相电压之和

C. 是相电压的 $\sqrt{3}$ D. 是相电压的 $1/\sqrt{3}$

84. 三相对称负载三角形联结时，其线电压一定（　　）。

A. 与相电压相等   B. 等于三相电压之和

C. 是相电压的 $\sqrt{3}$ D. 是相电压的 $1/\sqrt{3}$

85. 移动式电动工具用的电源线应选用（　　）。

A. 绝缘软线   B. 通用橡套电缆

C. 绝缘电线   D. 地埋线

86. （　　）用的电源线应选用通用橡套电缆。

A. 移动式电动工具   B. 固定安装设备

C. 室外架空线   D. 明线安装照明线路

87. 铝镍钴合金是硬磁材料，常用来制造各种（　　）。

A. 铁芯   B. 永久磁铁   C. 存储器   D. 磁屏蔽设备

88. （　　）是硬磁材料，常用来制造各种永久磁铁。

A. 电工纯铁   B. 硅钢片   C. 铝镍钴合金   D. 锰锌铁氧体

89. 用作导电材料的金属通常要求具有较好的导电性能、（　　）和焊接性能。

A. 力学性能   B. 化学性能   C. 物理性能   D. 工艺性能

90. 用作（　　）的金属通常要求具有较好的导电性能、力学性能和焊接性能。

A. 隔离材料   B. 绝缘材料   C. 导电材料   D. 导磁材料

91. 使用验电笔前，一定要先在有电的电源上检查（　　）。

A. 氖管是否正常发光   B. 蜂鸣器是否正常鸣响

C. 验电笔外形是否完好   D. 电阻是否受潮

92. 使用验电笔前，一定先要在（　　）检查氖管是否正常发光。

A. 测试台上   B. 无电的电源上

C. 有电的电源上   D. 万用表上

93. 停电检修设备（　　）应认为有电。

A. 没有挂好标示牌   B. 没有验电

C. 没有装设遮栏　　　　　　　　D. 没有做好安全措施

94. 停电检修设备没有做好安全措施（　　）。

　　A. 不可停电　　B. 应认为有电　　C. 应谨慎操作　　D. 不可施工

95. 带电作业应经过有关部门批准，按（　　）安全规程进行。

　　A. 带电工作的　　B. 常规　　　　C. 标准　　　　D. 自定的

96. （　　）应经过有关部门批准、按带电工作的安全规程进行。

　　A. 停电作业　　　B. 带电作业　　C. 倒闸操作　　D. 设备操作

97. 上海地区低压公用电网的配电系统采用（　　）系统。

　　A. TT　　　　　B. TN　　　　　C. IT　　　　　D. TN-S

98. 上海地区（　　）的配电系统采用 TT 系统。

　　A. 企业内部　　　B. 低压公用电网　C. 高压电网　　D. 部分公用电网

99. 临时用电线路严禁采用三相一地、（　　）、一相一地制供电。

　　A. 二相一地　　B. 三相四线　　C. 三相五线　　D. 三相三线

100. 临时用电线路（　　）采用三相一地、二相一地、一相一地制供电。

　　A. 可临时　　　　　　　　　　　B. 可以

　　C. 严禁　　　　　　　　　　　　D. 可视情况

101. 机床或钳工台上的局部照明，行灯应使用（　　）电压。

　　A. 12 V 及以下　　　　　　　　B. 36 V 及以下

　　C. 110 V　　　　　　　　　　　D. 220 V

102. 潮湿环境下的局部照明，行灯应使用（　　）电压。

　　A. 12 V 及以下　　　　　　　　B. 36 V 及以下

　　C. 24 V 及以下　　　　　　　　D. 220 V

103. 用于（　　）的电路电器称为低压电器。

　　A. 交流 50 Hz 或 60 Hz，额定电压 1 200 V 及以下，直流额定电压 1 500 V 及以下

　　B. 交直流电压 1 200 V 及以下

　　C. 交直流电压 500 V 及以下

　　D. 交直流电压 3 000 V 以下

104. 用于交流 50 Hz 或 60 Hz，额定电压 1 200 V 及以下，直流额定电压 1 500 V 及以下的电路电器称为（   ）。

    A. 高压电器   B. 中压电器   C. 低压电器   D. 高低压电器

105. 低压电器按其在电气线路中的用途或所控制的对象，可分为（   ）两大类。

    A. 开关电器和保护电器   B. 操作电器和保护电器

    C. 配电电器和操作电器   D. 控制电器和配电电器

106. 低压电器按执行触头功能，可分为（   ）两大类。

    A. 手动电器和自动电器   B. 有触头电器和无触头电器

    C. 配电电器和保护电器   D. 控制电器和开关电器

107. 低压熔断器在低压配电设备中，主要用于（   ）。

    A. 热保护   B. 过电流保护   C. 短路保护   D. 过载保护

108. （   ）系列均为快速熔断器。

    A. RM 和 RS B. RL1 和 RLS   C. RS 和 RLS   D. RM 和 RLS

109. 熔断器中的熔体由一种低熔点、（   ）熔断、导电性能良好的合金金属丝或金属片制成。

    A. 瞬时   B. 需较长时间   C. 易   D. 不易

110. 熔断器中的熔体由一种低熔点、易熔断、（   ）的合金金属丝或金属片制成。

    A. 导电性能良好   B. 导电性能较好

    C. 导电性能较差   D. 电阻阻值大

111. 熔断器额定电流和熔体额定电流之间的关系是（   ）。

    A. 熔断器额定电流和熔体额定电流一定相同

    B. 熔断器额定电流小于熔体额定电流

    C. 熔断器额定电流大于等于熔体额定电流

    D. 熔断器额定电流小于或大于熔体额定电流

112. 熔断器额定电压（   ）所接电路额定电压。

    A. 应小于   B. 可小于

    C. 应大于等于   D. 可小于或大于

113. 螺旋式熔断器在电路中的正确装接方法是（　　　）。

　　A. 电源线应接到熔断器上接线座，负载线应接到下接线座

　　B. 电源线应接到熔断器下接线座，负载线应接到上接线座

　　C. 没有固定规律，可以随意连线

　　D. 电源线应接到瓷座，负载线应接到瓷帽

114. 螺旋式熔断器主要由（　　　）、上接线座、下接线座、瓷座等部分组成。

　　A. 瓷帽、熔断管（熔体）、瓷套

　　B. 瓷帽、瓷套

　　C. 瓷芯、熔断管（熔体）、瓷套

　　D. 熔断管（熔体）、瓷套

115. 刀开关主要用于（　　　）。

　　A. 隔离电源

　　B. 隔离电源和不频繁接通与分断的电路

　　C. 隔离电源和频繁接通与分断的电路

　　D. 频繁接通与分断电路

116. 刀开关的寿命包括（　　　）。

　　A. 机械寿命　　　　　　　　　　B. 电寿命

　　C. 机械寿命和电寿命　　　　　　D. 触头寿命

117. 熔断器式刀开关适用于（　　　）电源开关。

　　A. 控制电路　　　　　　　　　　B. 配电线路

　　C. 直接通断电动机　　　　　　　D. 主令开关

118. 封闭式负荷开关的外壳上装有机械联锁装置，使开关（　　　），保证用电安全。

　　A. 闭合时盖子不能打开，盖子打开时开关不能闭合

　　B. 闭合时盖子能打开，盖子打开时开关能闭合

　　C. 闭合时盖子不能打开，盖子打开时开关能闭合

　　D. 任何时间都能打开

119. 胶盖瓷底刀开关在电路中正确的装接方法是（　　　）。

A. 电源进线应接在静插座上，用电设备应接在刀开关下面熔丝的出线端

B. 用电设备应接在静插座上，电源进线应接在刀开关下面熔丝的出线端

C. 没有固定规律，可以随意连线

D. 电源进线应接在刀开关体，用电设备应接在刀开关下面熔丝的出线端

120. 胶盖瓷底刀开关由（　　）组合而成。

A. 刀开关与熔断器　　　　　　　B. 刀开关与熔丝

C. 刀开关与快速熔断器　　　　　D. 刀开关与普通熔断器

121. 低压断路器在功能上是一种既有手动开关又能自动进行（　　）的低压电器。

A. 欠电压、过载和短路保护　　　B. 欠电压、失电压、过载和短路保护

C. 失电压、过载和短路保护　　　D. 失电压和过载保护

122. 低压断路器按用途分有保护配电线路用断路器、保护电动机用断路器、保护照明线路用断路器、（　　）等种类。

A. 保护发电机用断路器　　　　　B. 保护供电线路用断路器

C. 保护输电线路用断路器　　　　D. 漏电保护用断路器

123. 低压断路器在结构上主要由（　　）、脱扣器、自由脱扣机构、操作机构等部分组成。

A. 主触头、辅助触头　　　　　　B. 主触头、灭弧装置

C. 主触头　　　　　　　　　　　D. 辅助触头

124. 低压断路器在使用时，欠电压脱扣器的额定电压（　　）线路的额定电压。

A. 应大于等于　　　　　　　　　B. 应小于等于

C. 可大于或小于　　　　　　　　D. 可小于

125. 低压断路器的热脱扣器用于（　　）。

A. 短路保护　　　　　　　　　　B. 过载保护

C. 欠电压保护　　　　　　　　　D. 过电流保护

126. DZ5 小电流低压断路器系列型号为 DZ5-20/330，表明断路器的脱扣器为（　　）。

A. 热脱扣器　　　　　　　　　　B. 无脱扣器

C. 电磁脱扣器　　　　　　　　　D. 复式脱扣器

127. 漏电保护开关能够（　　）后自动切断故障电路，用于人身触电保护和电气设备漏电保护。

　　A. 检测与判断到缺相故障　　　　B. 检测与判断到欠电压故障

　　C. 检测与判断到触电或漏电故障　D. 检测与判断到过电流故障

128. 漏电保护开关按脱扣原理可分为（　　）两种。

　　A. 电压动作型漏电保护开关与电流动作型漏电保护开关

　　B. 电压动作型漏电保护开关与时间动作型漏电保护开关

　　C. 电流动作型漏电保护开关与时间动作型漏电保护开关

　　D. 半导体动作型漏电保护开关与电磁动作型漏电保护开关

129. 电流动作型漏电保护开关由（　　）、放大器、断路器、脱扣器等主要部件组成。

　　A. 电流互感器　　　　　　　　B. 零序电流互感器

　　C. 三相电流互感器　　　　　　D. 普通电流互感器

130. 设备正常运行时，电流动作型漏电保护开关中零序电流互感器（　　）。

　　A. 铁芯无磁通，二次绕组有电压输出

　　B. 铁芯无磁通，二次绕组无电压输出

　　C. 铁芯有磁通，二次绕组有电压输出

　　D. 铁芯有磁通，二次绕组无电压输出

131. 接触器按主触头接通和分断电流性质分为（　　）。

　　A. 大电流接触器和小电流接触器

　　B. 高频接触器和低频接触器

　　C. 交流接触器和直流接触器

　　D. 高压接触器和低压接触器

132. 交流接触器按主触头的极数分为（　　）三种。

　　A. 单极、二极、三极　　　　　B. 二极、三极、四极

　　C. 三极、四极、五极　　　　　D. 单极、三极、五极

133. 交流接触器铭牌上的额定电流是指（　　）。

　　A. 主触头的额定电流　　　　　B. 主触头控制受电设备的工作电流

C. 辅助触头的额定电流　　　　　D. 负载短路时通过主触头的电流

134. 交流接触器的铁芯一般用硅钢片叠压铆成，其目的是（　　　）。

　　　A. 减小动静铁芯之间的振动　　B. 减小铁芯的质量

　　　C. 减小涡流及磁滞损耗　　　　D. 减小铁芯的体积

135. 接触器重新更换触头后，应调整（　　　）。

　　　A. 压力、开距、超程　　　　　B. 压力

　　　C. 开距　　　　　　　　　　　D. 压力、开距

136. 交流接触器铁芯上装短路环的作用是（　　　）。

　　　A. 减小动静铁芯之间的振动　　B. 减小涡流及磁滞损耗

　　　C. 减小铁芯的质量　　　　　　D. 减小铁芯的体积

137. 交流接触器的额定电流应根据（　　　）来选择。

　　　A. 被控制电路中电流大小　　　B. 被控制电路中电流大小和使用类别

　　　C. 电动机实际电流　　　　　　D. 电动机电流

138. 容量为 10 kW 的三相电动机使用接触器控制，在频繁启动制动和频繁正反转的场合，应选择接触器合适的型号是（　　　）。

　　　A. CJ10-20/3　　　　　　　　B. CJ20-25/3

　　　C. CJ12B-100/3　　　　　　　D. CJ20-63/3

139. 直流接触器的铁芯和衔铁用（　　　）

　　　A. 硅钢片叠成　　　　　　　　B. 铸钢或钢板制成

　　　C. 铸铁或铁板制成　　　　　　D. 铸铁制成

140. 直流接触器有（　　　）两种。

　　　A. 单极与双极　　　　　　　　B. 双极与三极

　　　C. 单极与三极　　　　　　　　D. 三极与多极

141. 中间继电器的基本构造（　　　）。

　　　A. 由电磁机构、触头系统、灭弧装置、辅助部件等组成

　　　B. 与接触器基本相同，所不同的是它没有主辅触头之分，触头对数多，没有灭弧装置

　　　C. 与接触器结构相同

D. 与热继电器结构相同

142. JZ 系列中间继电器共有 8 对触头，常开触头与常闭触头的组合有 4 对常开触头与 4 对常闭触头的组合，6 对常开触头与 2 对常闭触头的组合，（　　）等形式。

A. 2 对常开触头与 6 对常闭触头的组合

B. 1 对常开触头与 7 对常闭触头的组合

C. 3 对常开触头与 5 对常闭触头的组合

D. 5 对常开触头与 3 对常闭触头的组合

143. 电流继电器线圈的特点是（　　），只有这样线圈功耗才小。

A. 匝数多、导线细、阻抗小

B. 匝数少、导线粗、阻抗大

C. 匝数少、导线粗、阻抗小

D. 匝数多、导线细、阻抗大

144. 欠电流继电器在正常工作时，所处的状态是（　　）。

A. 吸合动作，常开触头闭合

B. 不吸合动作，常闭触头断开

C. 吸合动作，常开触头断开

D. 不吸合，触头也不动作，维持常态

145. 电流继电器线圈的正确接法是（　　）。

A. 串联在被测量的电路中　　　　B. 并联在被测量的电路中

C. 串联在控制回路中　　　　　　D. 并联在控制回路中

146. 过电流继电器正常工作时，线圈通过的电流在额定值范围内，过电流继电器所处的状态是（　　）。

A. 吸合动作，常闭触头断开

B. 不吸合动作，常闭触头断开

C. 吸合动作，常闭触头恢复闭合

D. 不吸合，触头也不动作，维持常态

147. 过电压继电器正常工作时，线圈在额定电压范围内，电磁机构的衔铁所处的状态是（　　）。

    A. 吸合动作，常闭触头断开

    B. 不吸合动作，常闭触头断开

    C. 吸合动作，常闭触头恢复闭合

    D. 不吸合，触头也不动作，维持常态

148. 电压继电器线圈的特点是（　　）。

    A. 匝数多而导线粗   B. 匝数多而导线细

    C. 匝数少而导线粗   D. 匝数少而导线细

149. 过电压继电器的电压释放值（　　）吸合动作值。

    A. 小于   B. 大于   C. 等于   D. 大于等于

150. 电压继电器线圈在电路中的接法是（　　）于被测电路中。

    A. 串联   B. 并联   C. 混联   D. 任意连接

151. 速度继电器主要由（　　）等部分组成。

    A. 定子、转子、端盖、机座

    B. 电磁机构、触头系统、灭弧装置、其他附件

    C. 定子、转子、端盖、可动支架、触头系统

    D. 电磁机构、触头系统、其他附件

152. 速度继电器主要用于（　　）。

    A. 三相笼型电动机的反接制动控制电路

    B. 三相笼型电动机的控制电路

    C. 三相笼型电动机的调速控制电路

    D. 三相笼型电动机的启动控制电路

153. 在反接制动中，速度继电器（　　），触头接在控制电路中。

    A. 线圈串联在电动机主电路中

    B. 线圈串联在电动机控制电路中

    C. 转子与电动机同轴连接

    D. 转子与电动机不同轴连接

154. 一般速度继电器转轴转速达到（　　）r/min 以上时，触头动作。

  A. 80   B. 120   C. 200   D. 250

155. 时间继电器按动作原理可分为（　　）、空气式等几大类。

  A. 电动式、晶体管式

  B. 电磁阻尼式、晶体管式

  C. 电磁阻尼式、电动式、晶体管式

  D. 电动式、电子式

156. JS17 系列电动式时间继电器由（　　）等部分组成。

  A. 电磁机构、触头系统、灭弧装置、其他附件

  B. 电磁机构、触头系统、气室、传动机构、基座

  C. 同步电动机、离合电磁铁、减速齿轮、差动轮系、复位游丝、延时触头、瞬时触头、推动延时触头脱扣机构的凸轮

  D. 延时环节、鉴幅器、输出电路、电源、指示灯

157. 下列空气阻尼式时间继电器中，（　　）属于通电延时动作空气阻尼式时间继电器。

  A. JS7-1A B. JS7-3A   C. JS7-5A D. JS7-7A

158. 下列空气阻尼式时间继电器中，（　　）属于断电延时动作空气阻尼式时间继电器。

  A. JS7-1A B. JS7-3A   C. JS7-5A D. JS7-7A

159. 热继电器主要用于电动机的（　　）保护。

  A. 失电压 B. 欠电压   C. 短路   D. 过载

160. 热继电器有双金属片式、热敏电阻式、易熔合金式等多种形式，其中（　　）应用最多。

  A. 双金属片式   B. 热敏电阻式

  C. 易熔合金式   D. 三者都

161. 热继电器中的双金属片弯曲是由于（　　）造成的。

  A. 机械强度不同   B. 热膨胀系数不同

C. 温差效应 D. 受到外力的作用

162. 热继电器是利用电流（   ）来推动动作机构，使触头系统闭合或分断的保护电器。

    A. 热效应　　　B. 磁效应　　　　C. 机械效应　　　D. 化学效应

163. 如果要保护的电动机采用三角形联结，要起到断相保护作用，应采用（   ）。

    A. 热继电器 B. 普通热继电器

    C. 二相热继电器 D. 带断相保护热继电器

164. 热继电器的整定电流是指（   ）的最大电流。

    A. 瞬时发生使其动作 B. 短时工作而不动作

    C. 长期工作使其动作 D. 连续工作而不动作

165. 压力继电器正确的使用方法是（   ）。

    A. 继电器的线圈装在机床电路的主电路中，微动开关触头装在控制电路中

    B. 继电器的线圈装在机床控制电路中，触头装在主电路中

    C. 继电器装在有压力源的管路中，微动开关触头装在控制回路中

    D. 继电器线圈装在主电路中，触头装在控制电路中

166. 压力继电器由（   ）等组成。

    A. 电磁系统、触头系统、其他附件

    B. 电磁机构、触头系统、灭弧装置、其他附件

    C. 定子、转子、端盖、可动支架、触头系统

    D. 缓冲器、橡胶薄膜、顶杆、压缩弹簧、调节螺母、微动开关

167. 下列电器属于主令电器的是（   ）。

    A. 低压断路器 B. 接触器

    C. 电磁铁 D. 行程开关

168. 按钮、行程开关、接近开关等属于（   ）。

    A. 低压断路器 B. 主令电器

    C. 电磁铁 D. 控制开关

169. 行程开关应根据（   ）来选择。

    A. 额定电压 B. 用途和触头挡铁数

C. 动作要求　　　　　　　　D. 动作要求和触头数量

170. 行程开关按结构可分为直动式、滚轮式、（　　）三种。

A. 压动式　　B. 卧式　　　　C. 微动式　　D. 立式

171. 电阻器适用于长期工作制、短时工作制、（　　）三种工作制。

A. 临时工作制　　　　　　　B. 反复长期工作制

C. 反复短时工作制　　　　　D. 反复工作制

172. 电阻器与变阻器的参数选择依据主要是额定电流、（　　）。

A. 工作制　　　　　　　　　B. 额定功率及工作制

C. 额定功率　　　　　　　　D. 额定电压及工作制

173. 频敏变阻器主要用于（　　）控制。

A. 笼型转子异步电动机的启动　　B. 绕线转子异步电动机的调速

C. 直流电动机的启动　　　　　　D. 绕线转子异步电动机的启动

174. 频敏变阻器的阻抗随电动机的转速（　　）而减小。

A. 上升　　　　B. 下降　　　　C. 变化　　　　D. 恒定

175. 绕线转子异步电动机在转子回路中串入频敏变阻器启动，频敏变阻器的特点是阻值随转速上升而自动、（　　），使电动机平稳启动。

A. 平滑地增大　　　　　　　B. 平滑地减小

C. 分为数级逐渐增大　　　　D. 分为数级逐渐减小

176. 频敏变阻器接入绕线转子异步电动机转子回路后，在电动机启动的瞬间（　　），此时频敏变阻器的阻抗值最大。

A. 转子电流的频率低于交流电源频率

B. 转子电流的频率等于交流电源频率

C. 转子电流的频率大于交流电源频率

D. 转子电流的频率等于零

177. 电磁铁主要由（　　）等部分组成。

A. 铁芯、衔铁、线圈、工作机械

B. 电磁系统、触头系统、灭弧装置、其他附件

C. 电磁机构、触头系统、其他附件

D. 闸瓦、闸轮、杠杆、弹簧组成的制动器、电磁机构

178. 阀用电磁铁主要用于（　　）的场合，以实现自动控制。

A. 吸持钢铁零件固定

B. 对电动机进行制动

C. 牵引或推持其他机械装置

D. 金属切削机床中远距离操作各种液压阀、气动阀

179. 直流电磁铁的电磁吸力与气隙大小（　　）。

A. 成正比　　　　B. 成反比　　　　C. 无关　　　　D. 有关

180. 对交流电磁铁来说，当外加电压及频率为定值时，衔铁吸合前后所受的平均吸力（　　）。

A. 变大　　　　　　　　　B. 变小

C. 不变　　　　　　　　　D. 可能变大也可能变小

181. 电磁离合器种类很多，按工作原理主要分为牙嵌式、（　　）、磁粉式等。

A. 摩擦片式、转差式　　　　B. 摩擦片式、电阻式

C. 转差式　　　　　　　　　D. 摩擦片式

182. 摩擦片式电磁离合器主要由铁芯、（　　）组成。

A. 线圈、摩擦片　　　　　　B. 线圈、摩擦片、衔铁

C. 摩擦片、衔铁　　　　　　D. 线圈、摩擦片、磁铁

183. 电磁离合器的工作原理是（　　）。

A. 电流的热效应　　　　　　B. 电流的化学反应

C. 电流的磁效应　　　　　　D. 机电转换

184. 电磁转差离合器是通过（　　），调节主动轴传递到生产机械的旋转速度。

A. 改变电动机的转速　　　　B. 改变励磁电流的大小

C. 改变电动机的电压　　　　D. 改变电动机的电流

185. 变压器的基本工作原理是（　　）。

A. 电磁感应　　　　　　　　B. 电流的磁效应

C. 楞次定律　　　　　　　　　　D. 磁路欧姆定律

186. 变压器是一种将交流电压升高或降低，并且又能保持其（　　）不变的静止电气设备。

    A. 峰值　　　　B. 电流　　　　　C. 频率　　　　　D. 损耗

187. 电力变压器主要用于（　　）。

    A. 供配电系统　　　　　　　　　B. 自动控制系统

    C. 测量和继电保护　　　　　　　D. 特殊用途场合

188. 控制变压器主要用于（　　）。

    A. 供配电系统　　　　　　　　　B. 自动控制系统

    C. 测量和继电保护　　　　　　　D. 特殊用途场合

189. 一台变压器型号为 S7-500/10，其中 500 代表（　　）。

    A. 额定电压为 500 V　　　　　　B. 额定电流为 500 A

    C. 额定容量为 500 V·A　　　　　D. 额定容量为 500 kV·A

190. 一台变压器型号为 S7-1000/10，其中 10 代表（　　）。

    A. 一次额定电压为 10 kV　　　　B. 二次额定电压为 1 000 V

    C. 一次额定电流为 10 A　　　　　D. 二次额定电流为 10 A

191. 变压器的额定容量是变压器额定运行时（　　）。

    A. 输入的视在功率　　　　　　　B. 输出的视在功率

    C. 输入的有功功率　　　　　　　D. 输出的有功功率

192. 对三相变压器来说，额定电压是指（　　）。

    A. 相电压　　　　　　　　　　　B. 线电压

    C. 特定电压　　　　　　　　　　D. 相电压或线电压

193. 变压器根据器身结构可分为铁芯式和（　　）两大类。

    A. 长方式　　　　B. 正方式　　　　C. 铁壳式　　　　D. 铁骨式

194. 容量较大的铁芯式变压器的绕组是筒形的，为了充分利用空间，通常把铁芯柱的截面做成（　　）。

    A. 长方形　　　　　　　　　　　B. 正方形

C. 圆形   D. 内接于圆的梯形

195. 为了便于绕组与铁芯绝缘，变压器的同心式绕组要把（   ）。

     A. 高压绕组放在里面

     B. 低压绕组放在里面

     C. 高压绕组、低压绕组交替放置

     D. 上层放置高压绕组，下层放置低压绕组

196. 单相铁壳式变压器的特点是（   ）。

     A. 绕组包围铁芯   B. 一次绕组包围铁芯

     C. 铁芯包围绕组   D. 绕组包围铁芯或铁芯包围绕组

197. 同名端表示二个绕组瞬时极性间的相对关系，瞬时极性是随时间而变化的，但它们的相对极性（   ）。

     A. 瞬时变化   B. 缓慢变化   C. 不变   D. 可能变化

198. 变压器中两个对应的相同极性端称为（   ）。

     A. 同名端   B. 异名端   C. 非同名端   D. 不同端

199. 三相变压器联结组标号 Y/Y-12 表示（   ）。

     A. 高压侧与低压侧均星形联结

     B. 高压侧三角形联结、低压侧星形联结

     C. 高压侧星形联结、低压侧三角形联结

     D. 高压侧与低压侧均三角形联结

200. 变压器联结组标号中 d 表示（   ）。

     A. 高压侧星形联结   B. 高压侧三角形联结

     C. 低压侧星形联结   D. 低压侧三角形联结

201. 变压器空载运行时，其（   ）较小，所以空载时的损耗近似等于铁耗。

     A. 铜耗   B. 涡流损耗   C. 磁滞损耗   D. 附加损耗

202. 变压器空载电流性质近似为（   ）。

     A. 纯感性   B. 纯容性   C. 纯阻性   D. 感性

203. 变压器正常运行在电源电压一定的情况下，当负载增加时，其主磁通（   ）。

  A. 增加   B. 减小   C. 不变   D. 不定

204. 单相变压器其他条件不变，当二次电流增加时，一次电流（ ）。

  A. 增加   B. 减小   C. 不变   D. 不定

205. 自耦变压器的特点是一次、二次绕组之间（ ）。

  A. 有磁的联系   B. 既有磁的耦合，又有电的联系

  C. 有电的联系   D. 无任何关系

206. 自耦变压器接上负载，二次绕组有电流输出时，一次、二次绕组电流大小与绕组匝数成（ ）。

  A. 正比   B. 反比   C. 平方正比 D. 平方反比

207. 由于自耦变压器一次、二次绕组间具有电的联系，所以接到低压侧的设备要求（ ）考虑。

  A. 按高压侧的电压绝缘   B. 按低压侧的电压绝缘

  C. 按高压侧或低压侧的电压绝缘 D. 按一定电压绝缘

208. 由于自耦变压器一次、二次绕组间（ ），所以不允许作为安全变压器使用。

  A. 有磁的联系   B. 有电的联系

  C. 有互感的联系   D. 有自感的联系

209. 电流互感器可以把（ ）供测量用。

  A. 高电压转换为低电压   B. 大电流转换为小电流

  C. 高阻抗转换为低阻抗   D. 小电流转换为大电流

210. 电流互感器运行时（ ）。

  A. 接近空载状态，二次侧不准开路

  B. 接近空载状态，二次侧不准短路

  C. 接近短路状态，二次侧不准短路

  D. 接近短路状态，二次侧不准开路

211. 测量交流电路的大电流时，通常电流互感器与（ ）配合使用。

  A. 电压表 B. 功率表   C. 电流表   D. 转速表

212. 电流互感器使用时不正确的是（ ）。

A. 二次绕组开路　　　　　　　　B. 铁芯及二次绕组的一端接地

C. 二次绕组不准装设熔断器　　　D. 二次绕组短路

213. 电压互感器可以把（　　）供测量用。

A. 高电压转换为低电压　　　　　B. 大电流转换为小电流

C. 高阻抗转换为低阻抗　　　　　D. 低电压转换为高电压

214. 电压互感器运行时（　　）。

A. 接近空载状态，二次侧不准开路

B. 接近空载状态，二次侧不准短路

C. 接近短路状态，二次侧不准短路

D. 接近短路状态，二次侧不准开路

215. 电压互感器使用时不正确的是（　　）。

A. 二次绕组开路　　　　　　　　B. 铁芯及二次绕组的一端不接地

C. 二次绕组装设熔断器　　　　　D. 一次绕组装设熔断器

216. 为了便于使用，尽管电压互感器一次绕组额定电压有 6 000 V、10 000 V 等，但二次绕组额定电压一般都设计为（　　）V。

A. 400　　　　　B. 300　　　　　C. 200　　　　　D. 100

217. 电焊变压器额定负载时输出电压约为（　　）V。

A. 30　　　　　B. 60　　　　　C. 100　　　　　D. 85

218. 电焊变压器空载时输出电压为（　　）V。

A. 30~40　　　　B. 60~80　　　　C. 100~120　　　　D. 120~150

219. 改变电焊变压器焊接电流的大小，可以改变与二次绕组串联的电抗器的感抗大小，即调节电抗器铁芯的气隙长度，（　　），焊接电流减小。

A. 气隙长度减小，感抗增大　　　B. 气隙长度增大，感抗减小

C. 气隙长度减小，感抗减小　　　D. 气隙长度增大，感抗增大

220. 对于磁分路动铁式电焊变压器来说，增大电焊变压器焊接电流的方法是（　　）。

A. 提高空载电压，增大一次、二次绕组距离

B. 提高空载电压，减小一次、二次绕组距离

  C. 降低空载电压，增大一次、二次绕组距离

  D. 降低空载电压，减小一次、二次绕组距离

221. 交流异步电动机按电源相数可分为（ ）。

  A. 单相和多相   B. 单相和三相

  C. 单相和二相   D. 单相、三相和多相

222. 异步电动机转子根据其绕组结构不同，分为（ ）两种。

  A. 普通型和封闭型   B. 笼型和绕线型

  C. 普通型和半封闭型   D. 普通型和特殊型

223. 异步电动机由（ ）两部分组成。

  A. 定子和转子   B. 铁芯和绕组

  C. 转轴和机座   D. 硅钢片和导线

224. 三相异步电动机额定功率是指其在额定工作状况下运行时，异步电动机（ ）。

  A. 输入定子三相绕组的视在功率 B. 输入定子三相绕组的有功功率

  C. 从轴上输出的机械功率   D. 输入转子三相绕组的视在功率

225. 异步电动机的工作方式分为（ ）三种。

  A. 连续、短时、断续周期   B. 连续、短时、长周期

  C. 连续、短时、短周期   D. 长周期、中周期、短周期

226. 三相异步电动机额定电压是指其在额定工作状况下运行时，输入电动机定子三相绕组的（ ）。

  A. 相电压 B. 电压有效值 C. 电压平均值 D. 线电压

227. 三相异步电动机额定电流是指其在额定工作状况下运行时，输入电动机定子三相绕组的（ ）。

  A. 相电流 B. 电流有效值 C. 电流平均值 D. 线电流

228. 三相异步电动机的铭牌上标明额定电压为 220 V/380 V，其应是（ ）联结。

  A. Y/△   B. △/Y   C. △/△   D. Y/Y

229. 三相异步电动机的额定电压为 380 V/220 V，采用 Y/△联结，其绕组额定电压为（ ）V。

A. 220   B. 380   C. 400   D. 110

230. 三相异步电动机旋转磁场的转向由（　　）决定。

     A. 频率   B. 极数   C. 电压大小   D. 电源相序

231. 对称三相绕组在空间位置上应彼此相差（　　）电角度。

     A. $60°$ B. $120°$ C. $180°$ D. $360°$

232. 三相异步电动机的转速取决于极对数、转差率和（　　）。

     A. 电源频率   B. 电源相序   C. 电源电流   D. 电源电压

233. 异步电动机在正常旋转时，其转速（　　）。

     A. 低于同步转速   B. 高于同步转速

     C. 等于同步转速   D. 和同步转速没有关系

234. 三相异步电动机的启动分为直接启动和（　　）启动两类。

     A. Y/△   B. 串变阻器   C. 减压   D. 变极

235. 三相笼型异步电动机全压启动的启动电流一般为额定电流的（　　）倍。

     A. 1～3   B. 4～7   C. 8～10   D. 11～15

236. 自耦变压器减压启动器以80％的抽头减压启动时，三相电动机的启动电流是全压启动电流的（　　）。

     A. 36％   B. 64％   C. 70％   D. 80％

237. 自耦变压器减压启动器以80％的抽头减压启动时，三相电动机的启动转矩是全压启动转矩的（　　）。

     A. 36％   B. 64％   C. 70％   D. 81％

238. 三相异步电动机 Y/△启动是（　　）启动的一种方式。

     A. 直接   B. 减压   C. 变速   D. 变频

239. 交流异步电动机 Y/△启动适用于（　　）联结运行的电动机。

     A. 三角形   B. 星形

     C. V 形   D. 星形或三角形

240. 绕线转子异步电动机转子绕组串电阻启动适用于（　　）。

     A. 笼型转子异步电动机

B. 绕线转子异步电动机

C. 笼型转子或绕线转子异步电动机

D. 串励直流电动机

241. 绕线转子异步电动机转子绕组串电阻启动具有（   ）的性能。

A. 减小启动电流、增加启动转矩

B. 减小启动电流、减小启动转矩

C. 减小启动电流、启动转矩不变

D. 增加启动电流、增加启动转矩

242. 交流异步电动机的调速方法有变极、变频和（   ）三种。

A. 变功率　　　B. 变电流　　　　C. 变转差率　　　D. 变转矩

243. 改变转子电路电阻调速法只适用于（   ）异步电动机。

A. 笼型转子　　B. 绕线转子　　　C. 三相　　　　　D. 单相

244. 绕线转子异步电动机转子串电阻调速时，（   ）。

A. 电阻变大，转速变低　　　　B. 电阻变大，转速变高

C. 电阻变小，转速不变　　　　D. 电阻变小，转速变低

245. 绕线转子异步电动机转子串电阻调速属于（   ）调速。

A. 改变转差率　　　　　　　　B. 变极

C. 变频　　　　　　　　　　　D. 改变端电压

246. 异步电动机的电气制动方法有反接制动、回馈制动和（   ）制动。

A. 降压　　　　B. 串电阻　　　　C. 力矩　　　　　D. 能耗

247. 制动运行是指电动机的（   ）的运行状态。

A. 电磁转矩作用的方向与转子转向相同

B. 电磁转矩作用的方向与转子转向相反

C. 负载转矩作用的方向与转子转向相反

D. 负载转矩作用的方向与转子转向相同

248. 异步电动机的故障一般分为电气故障与（   ）。

A. 零件故障　　B. 机械故障　　　C. 化学故障　　　D. 工艺故障

249. 温升是指电动机（　　）的差值。

    A. 运行温度与环境温度　　　　　　B. 运行温度与零度

    C. 发热温度与零度　　　　　　　　D. 外壳温度与零度

250. 划线时，划线基准应尽量和（　　）一致。

    A. 测量基准　　B. 加工基准　　　C. 设计基准　　D. 基准

251. 划线时，（　　）应尽量和设计基准一致。

    A. 测量基准　　B. 加工基准　　　C. 划线基准　　D. 基准

252. 用分度头可以在工件上划出（　　）。

    A. 等分线　　B. 平行线　　　　C. 中心线　　　D. 圆弧线

253. 用（　　）可以在工件上划出等分线或不等分线。

    A. 划线平台　　B. 划针　　　　C. 分度头　　　D. 划针盘

254. 錾削铜、铝等软材料时，楔角取（　　）。

    A. $60°\sim70°$　　B. $50°\sim60°$　　C. $30°\sim50°$　　D. $20°\sim30°$

255. 錾削（　　）时，楔角取 $30°\sim50°$。

    A. 一般钢材　　　　　　　　　　　B. 铸铁

    C. 硬钢　　　　　　　　　　　　　D. 铜、铝等软材料

256. 锯割工件时，起锯方式有远起锯和近起锯两种，一般情况下采用（　　）较好。

    A. 近起锯　　　　　　　　　　　　B. 远起锯

    C. 任意位置起锯　　　　　　　　　D. 反向起锯

257. 锯割工件时，起锯方式有远起锯和（　　）两种，锯割厚型工件时采用远起锯较好。

    A. 近起锯　　B. 直线起锯　　　C. 摆动起锯　　D. 反向起锯

258. 麻花钻头（　　）的大小决定着切削材料的难易程度和切屑在前面上的摩擦阻力。

    A. 后角　　　B. 前角　　　　C. 横刃　　　　D. 横刃斜角

259. 麻花钻头前角的大小决定着切削材料的难易程度和（　　）。

    A. 钻头强度　　　　　　　　　　　B. 进给抗力

    C. 切屑在前面上的摩擦阻力　　　　D. 中心定位

260. 为了用 M8 的丝锥在铸铁件上攻螺纹，先要在铸铁件上钻孔，如使用手提电钻钻

孔，应选用（　　）mm 的钻头。

    A. $\phi 6.4$ B. $\phi 6.6$ C. $\phi 6.9$ D. $\phi 7.2$

261. 为了用 M8 的丝锥在（　　）上攻螺纹，先要在工件上钻孔，如使用手提电钻钻孔，应选用 $\phi 6.6$ mm 的钻头。

    A. 铸铁件   B. 45 钢   C. 铝   D. A3 钢

262. 钎焊钢件应使用的焊剂是（　　）。

    A. 松香   B. 松香酒精溶液

    C. 焊膏   D. 盐酸

263. 钎焊（　　）应使用的焊剂是松香酒精溶液。

    A. 电子元器件   B. 大线径线头

    C. 大截面导体   D. 钢件

264. 上锡时，要避免导线上（　　）太厚或不均匀。

    A. 锡层   B. 焊剂   C. 铰接层   D. 脏物

265. 上锡时，要避免（　　）太厚或不均匀。

    A. 焊头上锡层   B. 导线上锡层

    C. 焊头上焊剂   D. 导线上焊剂

266. 弯曲有焊缝的管子时，焊缝必须放在（　　）的位置。

    A. 弯曲外层   B. 弯曲内层   C. 中性层   D. 任意

267. 弯曲有焊缝的管子时，（　　）必须放在中性层的位置。

    A. 弯管器   B. 管箍   C. 焊缝   D. 木坯具

268. 弯曲直径大、壁薄的钢管前，应（　　）。

    A. 在管内灌满水   B. 在管内灌满、灌实沙子

    C. 把管子加热烧红   D. 用橡胶锤敲弯

269. 弯曲（　　）的钢管前，应在管内灌满、灌实沙子。

    A. 直径大、壁厚   B. 直径小、壁薄

    C. 直径小、壁厚   D. 直径大、壁薄

专业知识

一、判断题（将判断结果填入括号中。正确的填"√"，错误的填"×"）

1. 电气图包括电路图、功能表图、系统图、框图、元器件位置图等。 （　）

2. 电气图上各直流电源应标出电压值、极性。 （　）

3. 按照国家标准绘制的图形符号通常含有文字符号、一般符号、电气符号。 （　）

4. 电气原理图上电气图形符号均指未通电的状态。 （　）

5. 40 W以下的白炽灯通常在玻璃泡内充有氩气。 （　）

6. 荧光灯镇流器的功率必须与灯管、辉光启动器的功率相符。 （　）

7. 节能灯实际上就是一种紧凑型、自带镇流器的荧光灯。 （　）

8. 碘钨灯是卤素灯的一种，属热发射电光源。 （　）

9. 用护套线敷设线路时，不可采用线与线的直接连接。 （　）

10. 高压汞荧光灯灯座发热而损坏是没有用瓷制灯座的缘故。 （　）

11. 三相笼型异步电动机的启动方式只有全压启动一种。 （　）

12. 用倒顺开关控制电动机正反转时，可以把手柄从"顺"的位置直接扳至"倒"的位置。 （　）

13. 要求一台电动机启动后另一台电动机才能启动的控制方式称为顺序控制。 （　）

14. 将多个启动按钮串联，才能达到多地启动电动机的控制要求。 （　）

15. 位置控制就是通过生产机械运动部件上的挡铁与位置开关碰撞，达到控制生产机械运动部件的位置或行程的一种控制方法。 （　）

16. 自动往返控制线路需要对电动机实现自动转换的点动控制才能达到要求。 （　）

17. 三相异步电动机定子绕组串电阻减压启动的目的是提高功率因数。 （　）

18. 不论电动机定子绕组采用星形联结或三角形联结，都可使用自耦变压器减压启动。 （　）

19. 三相笼型异步电动机都可以用 Y-△减压启动。 （　）

20. 能耗制动的制动力矩与电流成正比，因此电流越大越好。 （　）

21. 转子绕组串电阻启动适用于绕线转子异步电动机。 （ ）

22. 电磁离合器制动属于电气制动。 （ ）

23. 半导体中的载流子只有自由电子。 （ ）

24. PN 结又可以称为耗尽层。 （ ）

25. 晶体二极管按结构可以分为点接触型和面接触型。 （ ）

26. 晶体二极管反向偏置是指阳极接高电位、阴极接低电位。 （ ）

27. 小电流硅二极管的死区电压约为 0.5 V，正向压降约为 0.7 V。 （ ）

28. 用指针式万用表测量晶体二极管的反向电阻，应该用 $R \times 1$ k 挡，黑表棒接阴极，红表棒接阳极。 （ ）

29. 稳压管工作于反向击穿状态下，必须串联限流电阻才能正常工作。 （ ）

30. 各种型号的晶体管中，2CW54 是稳压管。 （ ）

31. 光敏二极管工作时应加上反向电压。 （ ）

32. 发光二极管发出的颜色取决于制作塑料外壳的材料。 （ ）

33. 晶体三极管内部的 PN 结有 2 个。 （ ）

34. 晶体三极管电流放大的偏置条件是发射结正偏、集电结正偏。 （ ）

35. 晶体三极管的输出特性是指三极管在输入电流为某一常数时，输出端的电流与电压之间的关系。 （ ）

36. 晶体三极管中，相同功率的锗管漏电流大于硅管。 （ ）

37. 单相半波整流电路输入交流电压 U_2 的有效值为 100 V，则输出直流电压平均值为 90 V。 （ ）

38. 如果把单相桥式整流电路的某一个二极管反接，其后果是输出电压为零。 （ ）

39. 单相全波整流电路也叫双半波整流电路。 （ ）

40. 单相桥式整流电容滤波电路中，输入交流电压 U_2 的有效值为 50 V，则负载正常时输出直流电压平均值约为 60 V。 （ ）

41. 单相桥式整流电路加上电感滤波之后，其输出直流电压将增大 1.4 倍。 （ ）

42. 电源电压不变时，稳压管稳压电路的输出电流如果减小 10 mA，则稳压管上的电流也将减小 10 mA。 （ ）

43. 串联型稳压电路的稳压过程实质是电压串联负反馈的自动调节过程。 （　　）

44. 对于阻容耦合的三极管放大电路，三极管上的电流由直流与交流两部分组成。
（　　）

45. 静态时，三极管放大电路中各处的电压、电流均为直流量。 （　　）

46. 指示仪表按工作原理可分为磁电系、电动系、整流系、感应系四种。 （　　）

47. 用一个 1.5 级、500 V 的电压表测量电压时，读数为 200 V，则其可能的最大误差为±3 V。 （　　）

48. 指示仪表中，和偏转角成正比的力矩是反作用力矩。 （　　）

49. 磁电系仪表只能测量直流。 （　　）

50. 测量直流电流时，电流表应该串联在被测电路中，电流应从"＋"端流入。 （　　）

51. 测量直流电压时，除了使电压表与被测电路并联外，还应使电压表的"＋"端与被测电路的高电位端相连。 （　　）

52. 电磁系测量机构的主要结构包括固定的线圈、可动的磁铁。 （　　）

53. 电磁系仪表既可用于测量直流，也可用于测量交流。 （　　）

54. 电流互感器使用时，二次侧不允许安装熔断器。 （　　）

55. 电压互感器正常工作时，二次侧近似为开路状态。 （　　）

56. 交流电流表应与被测电路串联。 （　　）

57. 交流电压的有效值通常采用电磁系电流表并联在被测电路中来测量。 （　　）

58. 钳形电流表实际上是电流表与互感器的组合，它只能测量交流。 （　　）

59. 一个万用表表头采用 50 μA 的磁电系微安表，直流电压挡的每伏欧姆数为 20 kΩ。
（　　）

60. 用万用表测量晶体管时，除了 $R \times 1$ 挡以外，其余各挡都可以使用。 （　　）

61. 功率表的测量机构采用电动系仪表。 （　　）

62. 电动系仪表可以交直流两用，既可以做成功率表，也可以做成电流表和电压表。
（　　）

63. 功率表具有两个线圈：一个作为电压线圈，另一个作为电流线圈。 （　　）

64. 测量单相功率时，功率表电压与电流的"＊"端应连接在一起，接到电源侧。
（　　）

65. "功率表的读数是电压有效值、电流有效值的乘积"这种说法是错误的。　　（　　）

66. 低功率因数功率表特别适用于测量低功率因数的负载功率。　　（　　）

67. 单相电能表的可动铝盘的转速与负载的电能成正比。　　（　　）

68. 感应系仪表只能测量某一个固定频率的交流电能。　　（　　）

69. 测量三相功率必须使用三个单相功率表。　　（　　）

70. 电能表经过电流互感器与电压互感器接线时，实际的耗电量应是读数乘以两个互感器的变比。　　（　　）

71. 兆欧表采用磁电系比率表作为测量机构。　　（　　）

72. 兆欧表的额定电压有 100 V、250 V、500 V、1 000 V、2 500 V 等规格。　　（　　）

二、单项选择题（选择一个正确的答案，将相应的字母填入题内的括号中）

1. 电气图包括电路图、功能表图、系统图、框图、（　　）等。

　　A. 位置图　　　　B. 部件图　　　　C. 元器件图　　　D. 装配图

2. 电气图不包括（　　）等。

　　A. 电路图　　　　B. 功能表图　　　C. 系统框图　　　D. 装配图

3. 电气图上各直流电源应标出（　　）。

　　A. 电压值、极性　　　　　　　　B. 频率、极性

　　C. 电压值、相数　　　　　　　　D. 电压值、频率

4. 电气图上各交流电源应标出（　　）。

　　A. 电压值、极性　　　　　　　　B. 频率、极性

　　C. 电压有效值、相数　　　　　　D. 电压最大值、频率

5. 按照国家标准绘制的图形符号通常含有（　　）。

　　A. 文字符号、一般符号、电气符号　　B. 符号要素、一般符号、限定符号

　　C. 要素符号、概念符号、文字符号　　D. 方位符号、规定符号、文字符号

6. 按照国家标准绘制的图形符号通常不含有（　　）。

　　A. 符号要素　　　B. 一般符号　　　C. 限定符号　　　D. 文字符号

7. 在电气原理图上，一般电路或元器件按功能布置，并按（　　）排列。

　　A. 从前到后、从左到右　　　　　　B. 从上到下、从小到大

C. 从前到后、从小到大 　　　　　D. 从左到右、从上到下

8. 电气原理图中，不同电压等级控制线路（　　）绘制。

　　A. 可以按电压低的在前、高的在后　　B. 可以按电压高的在前、低的在后

　　C. 无规定 　　　　　　　　　　　D. 必须独立

9. 白炽灯的工作原理是（　　）。

　　A. 电流的磁效应 　　　　　　　　B. 电磁感应

　　C. 电流的热效应 　　　　　　　　D. 电流的光效应

10. 安全灯的工作电压为（　　）V。

　　A. 24　　　　　　B. 12　　　　　　C. 36　　　　　　D. 60

11. 荧光灯辉光启动器中电容器的作用是（　　）。

　　A. 吸收电子装置的杂波 　　　　　B. 提高荧光灯发光效率

　　C. 防止荧光灯闪烁 　　　　　　　D. 隔直通交

12. 荧光灯镇流器有两个作用，其中一个是（　　）。

　　A. 整流 　　　　　　　　　　　　B. 吸收电子装置的杂波

　　C. 限制灯丝预热电流 　　　　　　D. 防止灯光闪烁

13. 节能灯的工作原理是（　　）。

　　A. 电流的磁效应 　　　　　　　　B. 电磁感应

　　C. 氩原子的碰撞 　　　　　　　　D. 电流的光效应

14. 节能灯由于使用（　　）和高效率的荧光粉，所以节约电能。

　　A. 电流热效应 　　　　　　　　　B. 电子镇流器

　　C. 电感镇流器 　　　　　　　　　D. 辉光启动器

15. 碘钨灯工作时，灯管表面温度很高，因此规定灯架距离可燃建筑面的净距离不得小于（　　）m。

　　A. 1　　　　　　B. 2.5　　　　　　C. 6　　　　　　D. 10

16. 碘钨灯管内抽成真空，再充入适量碘和（　　）。

　　A. 空气　　　　　B. 氢气　　　　　C. 水银蒸气　　　D. 氩气

17. 敷设护套线可用钢精轧头定位，直线部分两定位的距离为（　　）mm。

A. 100　　　　B. 150　　　　C. 200　　　　D. 250

18. 动力线路、照明线路通常用兆欧表测量绝缘电阻，测量时应选用（　　）V 的兆欧表。

　　A. 50　　　　B. 500　　　　C. 1 000　　　　D. 2 000

19. 荧光灯两端发黑，光通量明显下降，产生该故障的原因可能是（　　）。

　　A. 灯管老化　　　　　　　　B. 辉光启动器老化

　　C. 环境温度偏高　　　　　　D. 电压过低

20. 白炽灯突然变得发光强烈，可能引起该故障的原因是（　　）。

　　A. 熔丝过粗　　　　　　　　B. 线路导线过粗

　　C. 灯泡搭丝　　　　　　　　D. 灯座接线松动

21. 三相笼型异步电动机全压启动的启动电流一般为额定电流的（　　）倍。

　　A. 1～3　　　B. 4～7　　　C. 8～10　　　D. 11～15

22. 在电网变压器容量不够大的情况下，三相笼型异步电动机全压启动将导致（　　）。

　　A. 电动机启动转矩增大　　　B. 线路电压增大

　　C. 线路电压下降　　　　　　D. 电动机启动电流减小

23. 实现三相异步电动机正反转联锁的是（　　）。

　　A. 正转接触器的常闭触头和反转接触器的常闭触头联锁

　　B. 正转接触器的常开触头和反转接触器的常开触头联锁

　　C. 正转接触器的常闭触头和反转接触器的常开触头联锁

　　D. 正转接触器的常开触头和反转接触器的常闭触头联锁

24. 为保证交流电动机正反转控制的可靠性，常采用（　　）控制线路。

　　A. 按钮联锁　　　　　　　　B. 接触器联锁

　　C. 按钮、接触器双重联锁　　D. 手动

25. 三相笼型异步电动机的顺序控制是指（　　）。

　　A. 一台电动机启动后另一台电动机才能启动

　　B. 按电动机功率大小启动

　　C. 按电动机电流大小启动

D. 按电动机电压高低启动

26. 三相笼型异步电动机多地控制时，必须将多个启动按钮（　　），多个停止按钮串联。

    A. 串联　　　　B. 并联　　　　C. 自锁　　　　D. 混联

27. 三相笼型异步电动机多地控制时，必须将多个启动按钮（　　），才能达到启动电动机的要求。

    A. 串联　　　　B. 并联　　　　C. 自锁　　　　D. 混联

28. 三相笼型异步电动机多地控制时，必须将多个停止按钮（　　），才能达到停止电动机的要求。

    A. 串联　　　　B. 并联　　　　C. 自锁　　　　D. 混联

29. 工厂车间的桥式起重机需要位置控制，桥式起重机两头的终点处各安装一个位置开关，两个位置开关要分别（　　）在正转和反转控制回路中。

    A. 串联　　　　B. 并联　　　　C. 混联　　　　D. 短接

30. 位置控制就是利用（　　）达到控制生产机械运动部件的位置或行程的一种方法。

    A. 生产机械运动部件上的挡铁与位置开关的碰撞

    B. 司机控制

    C. 声控原理

    D. 无线电遥控原理

31. 自动往返控制线路需要对电动机实现自动转换的（　　）控制。

    A. 自锁　　　　B. 点动　　　　C. 联锁　　　　D. 正反转

32. 自动控制电动机往返的主电路常采用（　　）控制。

    A. 晶闸管　　　　　　　　　　B. 刀开关

    C. 大功率晶体管　　　　　　　D. 接触器

33. 三相笼型异步电动机可以采用定子串电阻减压启动，但由于它的主要缺点是（　　），所以很少采用此方法。

    A. 产生的启动转矩太大　　　　B. 产生的启动转矩太小

    C. 启动电流过大　　　　　　　D. 启动电流在电阻上产生的热损耗过大

34. 三相异步电动机定子绕组串联电阻减压启动是指在电动机启动时，把电阻接在电动机定子绕组与电源之间，通过电阻的（　　　）作用，来降低定子绕组上的启动电压。

    A. 分压　　　　B. 分流　　　　C. 发热　　　　D. 防止短路

35. 三相异步电动机自耦降压启动器以80％的抽头减压启动时，异步电动机的启动转矩是全压启动转矩的（　　　）。

    A. 36％　　　　B. 64％　　　　C. 70％　　　　D. 81％

36. 自耦变压器减压启动方法一般适用于（　　　）的三相笼型异步电动机。

    A. 容量较大　　B. 容量较小　　　C. 容量很小　　D. 各种容量

37. 三相笼型异步电动机的减压启动中，使用最广泛的是（　　　）。

    A. 定子绕组串电阻减压启动　　　　B. 自耦变压器减压启动

    C. Y-△减压启动　　　　　　　　　D. 延边三角形减压启动

38. 为了使异步电动机能采用 Y-△减压启动，电动机在正常运行时必须是（　　　）联结。

    A. 星形　　　　　　　　　　　B. 三角形

    C. 星形/三角形　　　　　　　　D. 延边三角形

39. 电动机需要制动平稳和制动能量损耗小时，应采用电力制动，其方法是（　　　）。

    A. 反接制动　　B. 能耗制动　　　C. 发电制动　　D. 机械制动

40. 电动机需要能耗制动时，线圈中应加入（　　　）电流。

    A. 交流　　　　B. 直流　　　　　C. 交流和直流　D. 零

41. 转子绕组串电阻启动适用于（　　　）。

    A. 笼型异步电动机　　　　　　B. 绕线转子异步电动机

    C. 笼型或绕线转子异步电动机　D. 串励直流电动机

42. 三相绕线转子异步电动机启动时，在转子回路中接入（　　　）的三相启动变阻器。

    A. 串联　　　　B. 并联　　　　　C. 星形联结　　D. 三角形联结

43. 电磁制动器断电制动控制线路中，当电磁制动器线圈（　　　）时，电动机迅速停转。

    A. 失电　　　　B. 得电　　　　　C. 电流很大　　D. 短路

44. 电磁制动器断电制动控制线路中，当电磁制动器线圈失电时，电动机迅速停转，此方法最大的优点是（　　）。

    A. 节电   B. 安全可靠

    C. 降低线圈温度   D. 延长线圈寿命

45. 半导体中的载流子（　　）。

    A. 只有自由电子   B. 只有空穴

    C. 只有价电子   D. 有自由电子也有空穴

46. P 型半导体的多数载流子是（　　）。

    A. 空穴   B. 自由电子   C. 正离子   D. 负离子

47. PN 结又可以称为（　　）。

    A. 隔离层   B. 耗尽层   C. 电容层   D. 绝缘层

48. PN 结是 P 区和 N 区（　　）的一个空间电荷区。

    A. 交界面处   B. 两侧   C. 共有   D. 内部

49. 晶体二极管按结构可分为（　　）。

    A. 点接触型二极管和面接触型二极管   B. 锗二极管和硅二极管

    C. 大功率二极管和小功率二极管   D. 普通二极管和整流二极管

50. 晶体二极管按（　　）可分为点接触型二极管和面接触型二极管。

    A. 材料   B. 结构   C. 功率   D. 用途

51. 晶体二极管正向偏置是指（　　）。

    A. 阳极接高电位、阴极接低电位   B. 阴极接高电位、阳极接低电位

    C. 二极管没有阴极、阳极之分   D. 二极管的极性可以任意接

52. 晶体二极管反向偏置是指（　　）。

    A. 阳极接高电位、阴极接低电位   B. 阴极接高电位、阳极接低电位

    C. 二极管没有阴极、阳极之分   D. 二极管的极性可以任意接

53. 小电流硅二极管的死区电压约为 0.5 V，正向压降约为（　　）V。

    A. 0.4   B. 0.5   C. 0.6   D. 0.7

54. 小电流硅二极管的死区电压约为（　　）V，正向压降约为 0.7 V。

A. 0.4　　　　　B. 0.5　　　　　C. 0.6　　　　　D. 0.7

55. 用指针式万用表测量晶体二极管的反向电阻时，应该（　　　）。

A. 用 $R \times 1$ 挡，黑表棒接阴极，红表棒接阳极

B. 用 $R \times 10$ k 挡，黑表棒接阴极，红表棒接阳极

C. 用 $R \times 1$ k 挡，红表棒接阴极，黑表棒接阳极

D. 用 $R \times 1$ k 挡，黑表棒接阴极，红表棒接阳极

56. 用指针式万用表测量晶体二极管的（　　　）时，应该用 $R \times 1$ k 挡，黑表棒接阴极，红表棒接阳极。

A. 反向电阻　　　B. 正向电阻　　　C. 死区电压　　　D. 正向压降

57. 稳压管工作于反向击穿状态时，必须（　　　）才能正常工作。

A. 反向偏置　　　　　　　　　　B. 正向偏置

C. 串联限流电阻　　　　　　　　D. 并联限流电阻

58. 稳压管工作于（　　　）状态时，必须串联限流电阻才能正常工作。

A. 正向导通　　　B. 正向偏置　　　C. 反向偏置　　　D. 反向击穿

59. 各种型号的晶体二极管中，（　　　）是稳压管。

A. 2AP1　　　　　B. 2CW54　　　　C. 2CK84　　　　D. 2CZ50

60. 各种型号的晶体二极管中，2CW54 是（　　　）。

A. 稳压管　　　　B. 整流管　　　　C. 开关管　　　　D. 检波管

61. 光敏二极管工作时，应加上（　　　）。

A. 正向电压　　　B. 反向电压　　　C. 限流电阻　　　D. 三极管

62. （　　　）工作时，应加上反向电压。

A. 开关二极管　　B. 发光二极管　　C. 整流二极管　　D. 光敏二极管

63. 发光二极管发出的颜色取决于（　　　）。

A. 制作塑料外壳的材料　　　　　B. 制作二极管的材料

C. 电压的高低　　　　　　　　　D. 电流的大小

64. 发光二极管（　　　）取决于制作二极管的材料。

A. 产生的暗电流　　　　　　　　B. 稳定的电压

    C. 发出的颜色   D. 电流的大小

65. 晶体三极管内部有（   ）个 PN 结。

    A. 1   B. 2   C. 3   D. 4

66. 晶体三极管（   ）有 2 个。

    A. 内部的半导体层   B. 外部的电极

    C. 内部的 PN 结   D. 种类

67. 晶体三极管电流放大的偏置条件是（   ）。

    A. 发射结反偏、集电结反偏   B. 发射结反偏、集电结正偏

    C. 发射结正偏、集电结反偏   D. 发射结正偏、集电结正偏

68. 晶体三极管是一种（   ）的元器件。

    A. 电压控制电压   B. 电流控制电压

    C. 电压控制电流   D. 电流控制电流

69. 晶体三极管的（   ）是指三极管在输入电流为某一常数时，输出端的电流与电压之间的关系。

    A. 传输特性   B. 输入特性   C. 输出特性   D. 正向特性

70. 晶体三极管的输出特性是指三极管在输入电流为（   ）时，输出端的电流与电压之间的关系。

    A. 某一常数   B. 某一变量

    C. 任意数值   D. 随输出而线性变化

71. 关于晶体三极管的漏电流，以下说法正确的是（   ）。

    A. 相同功率的锗管漏电流大于硅管   B. NPN 管漏电流小于 PNP 管

    C. 电压升高一倍，漏电流增大一倍   D. NPN 管漏电流大于 PNP 管

72. 晶体管的（   ）随着电压升高而相应增大。

    A. 电流放大倍数   B. 漏电流

    C. 饱和压降   D. 输入电阻

73. 单相半波整流电路输入交流电压 U_2 的有效值为 100 V，则输出直流电压平均值为（   ）V。

A. 50   B. 120   C. 90   D. 45

74. 单相半波整流电路输入交流电压 U_2 的有效值为（   ）V，则输出直流电压平均值为 45 V。

        A. 50   B. 120   C. 90   D. 100

75. 如果把单相桥式整流电路中的某一个二极管反接，其后果为（   ）。

        A. 二极管烧坏   B. 负载上仍然是交流电压

        C. 输出电压为零   D. 输出电压极性颠倒

76. 如果把单相桥式整流电路中的某一个二极管（   ），其后果为二极管烧坏。

        A. 断开   B. 反接

        C. 拿掉   D. 错接成与负载电阻并联

77. 单相全波整流电路也叫（   ）。

        A. 桥式整流电路   B. 半波整流电路

        C. 双半波整流电路   D. 滤波电路

78. （   ）也叫双半波整流电路。

        A. 桥式整流电路   B. 半波整流电路

        C. 单相全波整流电路   D. 滤波电路

79. 单相桥式整流电容滤波电路输入交流电压 U_2 的有效值为 50 V，则负载正常时输出直流电压平均值约为（   ）V。

        A. 60   B. 23   C. 45   D. 71

80. 单相桥式整流电容滤波电路输入交流电压 U_2 的有效值为（   ）V，则负载正常时输出直流电压平均值约为 60 V。

        A. 50   B. 23   C. 45   D. 71

81. 单相桥式整流电路加上电感滤波后，输出直流电压将（   ）。

        A. 增大1倍   B. 增大1.4倍   C. 不变   D. 减小

82. 单相桥式整流电路（   ）后，输出直流电压将不变。

        A. 加上电感滤波   B. 加上电容滤波

        C. 负载增大   D. 交流电压波动

83. 电源电压不变时，稳压管稳压电路的输出电流如果减小 10 mA，则（　　）。

    A. 稳压管上的电流将增加 10 mA   B. 稳压管上的电流将减小 10 mA

    C. 稳压管上的电流将保持不变   D. 电源输入电流将减小 10 mA

84. 电源电压不变时，稳压管稳压电路的输出电流如果减小 10 mA，则（　　）的电流将增加 10 mA。

    A. 负载电阻   B. 限流电阻   C. 稳压管   D. 电源输出

85. 串联型稳压电路的稳压过程中，当输入电压上升而使输出电压增大时，调整管的 U_{ce} 自动（　　），使输出电压减小，从而使负载上电压保持稳定。

    A. 减小   B. 增大   C. 不变   D. 不确定

86. 串联型稳压电路的稳压过程中，当负载增大而使输出电压下降时，调整管的 U_{ce} 自动（　　），使输出电压上升，从而使负载上电压保持稳定。

    A. 减小   B. 增大   C. 不变   D. 不确定

87. 对于阻容耦合的三极管放大电路，以下说法（　　）是正确的。

    A. 三极管上的电压只包含直流成分   B. 三极管上的电流只包含直流成分

    C. 电源的输出电流只包含直流成分   D. 负载上的信号只包含直流成分

88. 对于三极管放大电路，如果三极管上的电压、电流和电源输出的电流均由直流与交流两部分组成，而负载上的信号只包含直流成分，那么此三极管放大电路采用（　　）。

    A. 直接耦合   B. 阻容耦合

    C. 直接耦合和阻容耦合都有可能   D. 直接耦合和阻容耦合都不可能

89. 静态时，三极管放大电路中各处的（　　）均为直流量。

    A. 电压   B. 电流   C. 输入信号   D. 电压和电流

90. （　　）时，三极管放大电路中各处的电压和电流均为直流量。

    A. 放大状态   B. 截止状态   C. 饱和状态   D. 静态

91. 指示仪表按工作原理可以分为磁电系、（　　）、电动系、感应系四种。

    A. 电磁系   B. 整流系   C. 静电系   D. 铁磁系

92. （　　）按工作原理可以分为磁电系、电动系、电磁系、感应系四种。

    A. 数字式仪表   B. 比较仪表   C. 指示仪表   D. 记录式仪表

93. 用一个1.5级、500 V的电压表测量电压时，读数为200 V，则其可能的最大误差为（　　）V。

　　　A. ±1.5　　　　　　B. ±7.5　　　　　　C. ±3　　　　　　D. ±15

94. 用一个1.5级、1 000 V的电压表测量电压时，读数为200 V，则其可能的最大误差为（　　）V。

　　　A. ±1.5　　　　　　B. ±7.5　　　　　　C. ±3　　　　　　D. ±15

95. 指示仪表中，和（　　）成正比的力矩是反作用力矩。

　　　A. 偏转角　　　　B. 被测电量　　　　C. 阻尼电流　　　　D. 调整电流

96. 指示仪表中，和偏转角成（　　）的力矩是反作用力矩。

　　　A. 正比　　　　　B. 反比　　　　　C. 倒数关系　　　　D. 非线性关系

97. 磁电系仪表能测量（　　）。

　　　A. 交流　　　　　B. 直流　　　　　C. 交流和直流　　　　D. 功率

98. （　　）仪表只能测量直流。

　　　A. 电磁系　　　　B. 整流系　　　　C. 静电系　　　　D. 磁电系

99. 测量直流电流时，电流表应该（　　）。

　　　A. 串联在被测电路中，电流应从"+"端流入

　　　B. 串联在被测电路中，电流应从"－"端流入

　　　C. 并联在被测电路中，"+"端接高电位

　　　D. 并联在被测电路中，"+"端接低电位

100. 测量直流电流时，应该将（　　）在被测电路中，电流应从"+"端流入。

　　　A. 电流表串联　　　　　　　　B. 电流表并联

　　　C. 两个电流表先并联再串联　　　D. 两个电流表先串联再并联

101. 使用（　　）表时，除了使仪表与被测电路并联外，还应使"+"端与被测电路的高电位端相连。

　　　A. 直流电压　　　B. 交流电压　　　C. 直流电流　　　D. 交流电流

102. 测量直流电压时，除了使（　　）外，还应使"+"端与被测电路的高电位端相连。

A. 电压表与被测电路并联   B. 电压表与被测电路串联

C. 电流表与被测电路并联   D. 电流表与被测电路串联

103. 电磁系测量机构的主要部分是（ ）。

  A. 固定的线圈、可动的磁铁   B. 固定的磁铁、可动的线圈

  C. 固定的铁片、可动的磁铁   D. 固定的线圈、可动的线圈

104. （ ）测量机构的主要部分是固定的线圈、可动的磁铁。

  A. 电磁系   B. 磁电系   C. 电动系   D. 感应系

105. 电磁系仪表（ ）。

  A. 只可用于测量直流

  B. 只可用于测量交流

  C. 既可用于测量直流，也可用于测量交流

  D. 既不可用于测量直流，也不可用于测量交流

106. （ ）仪表既可用于测量直流，也可用于测量交流，但大多用于测量交流。

  A. 电磁系   B. 磁电系   C. 电动系   D. 感应系

107. 电流互感器使用时，二次侧不允许（ ）。

  A. 安装电阻   B. 短接   C. 安装熔断器   D. 安装电流表

108. 电流互感器使用时，（ ）不允许安装熔断器。

  A. 一次侧   B. 二次侧

  C. 一次侧和二次侧均   D. 二次侧允许、一次侧

109. 电压互感器正常工作时，（ ）近似为开路状态。

  A. 一次侧   B. 二次侧

  C. 一次侧和二次侧均   D. 二次侧不是、一次侧

110. 电压互感器正常工作时，二次侧（ ）。

  A. 近似为开路状态   B. 近似为短路状态

  C. 不允许为开路状态   D. 不允许接地

111. 交流电流表应与被测电路（ ），不需要考虑极性。

  A. 断开   B. 并联   C. 串联   D. 混联

112. 交流电流表应（　　　）。

    A. 串联在被测电路中，电流应从"＋"端流入

    B. 串联在被测电路中，不需要考虑极性

    C. 并联在被测电路中，"＋"端接高电位

    D. 并联在被测电路中，不需要考虑极性

113. 交流电压的有效值通常采用电磁系电流表与被测电路（　　　）来测量。

    A. 断开　　　　　　B. 并联　　　　　　C. 串联　　　　　　D. 混联

114. 交流电压的有效值通常采用（　　　）并联在被测电路中来测量。

    A. 电磁系电流表　　　　　　　　B. 磁电系电流表

    C. 电动系功率表　　　　　　　　D. 感应系电能表

115. 钳形交流电流表实际上是电流表与互感器的组合，（　　　）。

    A. 只能测量直流　　　　　　　　B. 只能测量交流

    C. 是交直流两用的　　　　　　　D. 可以测量功率

116. 钳形交流电流表实际上是电流表与（　　　）的组合，只能测量交流。

    A. 电流互感器　　B. 电压互感器　　C. 电压表　　　　D. 功率表

117. 一个万用表的表头采用 $50\ \mu A$ 的磁电系微安表，直流电压挡的每伏欧姆数为（　　　）$k\Omega$。

    A. 10　　　　　　B. 20　　　　　　C. 50　　　　　　D. 200

118. 一个万用表的表头采用 $20\ \mu A$ 的磁电系微安表，直流电压挡的每伏欧姆数为（　　　）$k\Omega$。

    A. 10　　　　　　B. 20　　　　　　C. 50　　　　　　D. 200

119. 用万用表测量晶体管时，除了（　　　）挡以外，其余各挡都可以使用。

    A. $R\times1$　　　B. $R\times10$　　　C. $R\times10\,k$　　　D. $R\times1$、$R\times10\,k$

120. 用万用表测量晶体管时，如使用（　　　）挡，可能因电流过大而烧毁小功率的管子。

    A. $R\times1$　　　B. $R\times10$　　　C. $R\times10\,k$　　　D. $R\times1$、$R\times10\,k$

121. 功率表的（　　　）采用电动系仪表。

    A. 测量机构　　B. 测量电路　　C. 量程选择　　D. 接线方式

122.（   ）的测量机构采用电动系仪表。

    A. 电能表   B. 功率表   C. 钳形表   D. 万用表

123. 电动系仪表（   ），既可以做成功率表，也可以做成电流表和电压表。

    A. 用于交流   B. 用于直流

    C. 交直流两用   D. 交直流都不能用

124. 电动系仪表可以交直流两用，既可以做成功率表，也可以做成（   ）。

    A. 电能表   B. 电流表和电压表

    C. 钳形表   D. 万用表

125. 功率表具有两个线圈：（   ）。

    A. 一个作为电压线圈，另一个作为电流线圈

    B. 两个都作为电压线圈

    C. 两个都作为电流线圈

    D. 一个作为电压线圈，另一个作为功率线圈

126. 电动系仪表的两个线圈分别接电压和电流时，可做成（   ）。

    A. 电压表   B. 电流表   C. 功率表   D. 电能表

127. 测量单相功率时，功率表（   ）的接线方法是正确的。

    A. 电压与电流线圈的"＊"端连接在一起接到电源侧

    B. 电流的正方向从电流的"＊"端流入，电压的正方向从电压的"＊"端流出

    C. 电压与电流的非"＊"端连接在一起接到电源侧

    D. 电压与电流线圈的"＊"端连接在一起接到负载侧

128. 测量单相功率时，功率表电压与电流线圈的"＊"端（   ）。

    A. 连接在一起接到负载侧

    B. 不连接在一起，分别接到电源侧和负载侧

    C. 连接在一起接到电源侧

    D. 不连接在一起，分别接到负载两侧

129. 关于功率表，以下说法（   ）是错误的。

    A. 功率表在使用时，电压、电流都不允许超过量程范围

B. 一般功率表的功率量程是电压量程与电流量程的乘积

C. 功率表的读数是电压有效值、电流有效值（它们的正方向都是从"＊"端指向另一端）及两者相位差余弦的乘积

D. 功率表的读数是电压有效值、电流有效值的乘积

130. 关于功率表，以下说法（　　）是正确的。

A. 功率表在使用时，功率不允许超过量程范围

B. 电压线圈前接法适用于低电压、大电流负载

C. 功率表的读数是电压有效值、电流有效值（它们的正方向都是从"＊"端指向另一端）及两者相位差余弦的乘积

D. 功率表的读数是电压有效值、电流有效值的乘积

131. 关于低功率因数功率表的表述，正确的是（　　）。

A. 低功率因数功率表是电表本身的功率因数低

B. 低功率因数功率表的满偏值是电流量程与电压量程的乘积

C. 低功率因数功率表特别适宜测量低功率因数的负载功率

D. 低功率因数功率表是感应系仪表

132. 关于低功率因数功率表的表述，错误的是（　　）。

A. 低功率因数功率表的功率因数分为0.1与0.2两种

B. 低功率因数功率表的满偏值是电流量程与电压量程的乘积

C. 低功率因数功率表特别适宜测量低功率因数的负载功率

D. 低功率因数功率表是电动系仪表

133. 单相电能表的（　　）的转速与负载的功率成正比。

A. 可动铝盘　　　　B. 可动磁铁　　　　C. 可动铁片　　　　D. 可动线圈

134. 单相电能表的可动铝盘的（　　）与负载的功率成正比。

A. 转角　　　　B. 转速　　　　C. 偏转角　　　　D. 反作用力矩

135. 感应系仪表用于测量（　　）的交流电能。

A. 某一固定频率　　　　　　　　B. 某一可调频率

C. 任何频率　　　　　　　　　　D. 工频

136. （　　）用于测量某一固定频率的交流电能。

    A. 电磁系仪表   B. 磁电系仪表

    C. 电动系仪表   D. 感应系仪表

137. 测量三相功率通常使用（　　）单相功率表。

    A. 2个   B. 3个   C. 4个   D. 2个或3个

138. 测量（　　）通常使用2个或3个单相功率表。

    A. 三相功率   B. 单相功率   C. 三相电能   D. 单相电能

139. 电能表经过电流互感器与电压互感器接线时，实际的耗电量应是读数（　　）。

    A. 乘以两个互感器的变比   B. 除以两个互感器的变比

    C. 本身   D. 乘以电流互感器的电流比

140. 电能表经过电流互感器接线时，实际的耗电量应是读数（　　）。

    A. 乘以电流互感器一次绕组的额定电流

    B. 乘以电流互感器二次绕组的额定电流

    C. 本身

    D. 乘以电流互感器的变比

141. 兆欧表采用（　　）比率表作为测量机构。

    A. 电磁系   B. 整流系   C. 静电系   D. 磁电系

142. 兆欧表采用磁电系（　　）作为测量机构。

    A. 电流表   B. 功率表   C. 比率表   D. 电压表

143. 兆欧表的额定电压有100 V、250 V、500 V、（　　）V、2 500 V等规格。

    A. 800   B. 1 000   C. 1 500   D. 2 000

144. 兆欧表的主要性能参数有（　　）、测量范围等。

    A. 额定电压   B. 额定电流   C. 额定电阻   D. 额定功率

第4部分

操作技能复习题

电气安装和线路敷设

一、室内照明电路敷设（试题代码：1.1.2①；考核时间：30 min）

1. 试题单

（1）操作条件

1）线路敷设鉴定板1块。

2）胶盖瓷底刀开关（HK2-10/2型开启式负荷开关）1个。

3）塑料绝缘双芯护套电线（BVV型，1 mm²）若干米。

4）圆木台2个，拉线开关1个，螺旋式灯座1个，电线固定夹、木螺钉、圆钉（规格为1/2 in，即1.27 cm）、绝缘胶带等。

5）220 V、40 W螺旋式白炽灯灯泡1个。

6）电工工具1套。

（2）操作内容

1）按安装平面图（见图4—1）选择合适的材料敷设及安装用刀开关、拉线开关控制1盏照明灯的线路。

---

① 试题代码表示该试题在操作技能考核方案表格中的所属位置。左起第一位表示项目号，第二位表示单元号，第三位表示在该项目、单元下的第几个试题。

2）在鉴定板上根据安装平面图确定照明线路的走向、灯座和开关的准确安装位置，用划线工具在鉴定板上定位及划线，并画出电线固定夹的位置。

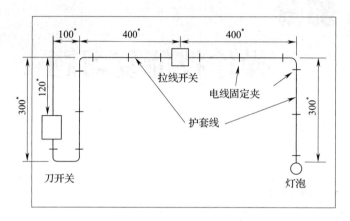

图4—1　室内照明电路安装平面图

＊注：此尺寸可在底板尺寸允许范围内变动

3）用塑料绝缘双芯护套线进行明线安装，导线敷设应紧固、规范、整齐和美观，电线固定夹距离应合理，弯曲半径应合适，不能架空，刀开关进线可用带插头的橡胶绝缘线接到电源上。

4）通电调试。

5）画出用刀开关、拉线开关控制1盏照明灯电路的电气原理图。

（3）操作要求

1）按要求进行安装和接线，不要漏接或错接，线路敷设应规范。

2）安装、接线完毕，经考评员允许方可通电调试。

3）安全生产，文明操作。未经允许擅自通电，造成设备损坏者，该项目零分。

2. 答题卷

电气原理图：

3. 评分表

试题代码及名称			1.1.2室内照明电路敷设			考核时间				30 min
评价要素	配分（分）	等级	评分细则	评定等级						得分（分）
				A	B	C	D	E		
否决项			未经允许擅自通电，造成设备损坏者，该项目零分							
1　根据要求画出电气原理图	3	A	接线图、符号、材料型号、规格标示完全正确							
		B	接线图、符号、材料型号、规格标示错1处							
		C	接线图、符号、材料型号、规格标示错2处							
		D	接线图、符号、材料型号、规格标示错3处及以上							
		E	未答题							
2　根据要求进行线路敷设及安装	6	A	线路敷设、接线规范，步骤完全正确							
		B	不符合敷设、接线规范1～2处							
		C	不符合敷设、接线规范3～4处							
		D	不符合敷设、接线规范5处及以上							
		E	未答题							
3　通电调试	4	A	通电调试结果完全正确							
		B	通电调试失败1次，结果正确							
		C	通电调试失败2次，结果正确							
		D	通电调试失败							
		E	未答题							
4　安全文明生产，无事故发生	2	A	安全文明生产，操作规范，穿电工鞋							
		B	安全文明生产，操作规范，但未穿电工鞋							
		C	能遵守安全操作规程，但未达到文明生产要求							
		D	未经允许擅自通电，但未造成设备损坏或在操作过程中烧断熔断器							
		E	未答题							
合计配分	15		合　计　得　分							

等级	A（优）	B（良）	C（及格）	D（差）	E（差或未答题）
比值	1.0	0.8	0.6	0.2	0

"评价要素"得分＝配分×等级比值。

二、用聚氯乙烯管明装两地控制 1 盏白炽灯且有 1 个插座的线路（试题代码：1.2.1；考核时间：30 min)

1. 试题单

（1）操作条件

1）电路安装接线鉴定板 1 块。

2）万用表 1 个。

3）白炽灯、聚氯乙烯（PVC）管、插座 1 套。

4）电工工具 1 套。

（2）操作内容

1）画出两地控制 1 盏白炽灯且有 1 个插座的电路图。

2）在电路安装接线鉴定板上进行明线安装和接线。

3）通电调试。

（3）操作要求

1）按设计照明电路图进行安装和接线，不要漏接或错接。

2）安装、接线完毕，经考评员允许方可通电调试。

3）安全生产，文明操作。未经允许擅自通电，造成设备损坏者，该项目零分。

2. 答题卷

设计电路图：

3. 评分表

试题代码及名称			1.2.1用聚氯乙烯管明装两地控制 1盏白炽灯且有1个插座的线路			考核时间			30 min
评价要素	配分（分）	等级	评分细则	评定等级					得分（分）
				A	B	C	D	E	
否决项			未经允许擅自通电，造成设备损坏者，该项目零分						
1	根据要求画出电路图	3	A	电路图及符号标示完全正确						
			B	电路图及符号标示错1处						
			C	电路图及符号标示错2处						
			D	电路图及符号标示错3处及以上						
			E	未答题						
2	根据电路图进行线路安装	6	A	线路接线规范，步骤完全正确						
			B	不符合接线规范1~2处						
			C	不符合接线规范3~4处						
			D	不符合接线规范5处及以上						
			E	未答题						
3	通电调试	4	A	通电调试结果完全正确						
			B	通电调试失败1次，结果正确						
			C	通电调试失败2次，结果正确						
			D	通电调试失败						
			E	未答题						
4	安全文明生产，无事故发生	2	A	安全文明生产，操作规范，穿电工鞋						
			B	安全文明生产，操作规范，但未穿电工鞋						
			C	能遵守安全操作规程，但未达到文明生产要求						
			D	未经允许擅自通电，但未造成设备损坏或在操作过程中烧断熔断器						
			E	未答题						
合计配分	15		合　计　得　分						

等级	A（优）	B（良）	C（及格）	D（差）	E（差或未答题）
比值	1.0	0.8	0.6	0.2	0

"评价要素"得分＝配分×等级比值。

三、荧光灯线路安装（试题代码：1.2.2；考核时间：30 min)

1. 试题单

（1）操作条件

1）电路安装接线鉴定板1块（元器件已安装）。

2）万用表1个。

3）荧光灯1套。

4）电工工具1套。

（2）操作内容

1）画出荧光灯控制的电路图。

2）在电路安装接线鉴定板上进行明线安装和接线。

3）通电调试。

（3）操作要求

1）按设计荧光灯线路图进行安装和接线，不要漏接或错接。

2）安装、接线完毕，经考评员允许方可通电调试。

3）安全生产，文明操作。未经允许擅自通电，造成设备损坏者，该项目零分。

2. 答题卷

设计电路图：

3. 评分表

同上题。

四、用 PVC 管明装有 1 盏白炽灯、1 个门铃、1 个插座的线路（试题代码：1.2.3；考核时间：30 min)

1. 试题单

（1）操作条件

1）电路安装接线鉴定板 1 块（元器件已安装）。

2）万用表 1 个。

3）白炽灯、门铃、PVC 管、插座 1 套。

4）电工工具 1 套。

（2）操作内容

1）画出控制 1 盏白炽灯、1 个门铃、1 个插座的电路图。

2）在电路安装接线鉴定板上进行明线安装和接线。

3）通电调试。

（3）操作要求

1）按设计电路图进行安装和接线，不要漏接或错接。

2）安装、接线完毕，经考评员允许方可通电调试。

3）安全生产，文明操作。未经允许擅自通电，造成设备损坏者，该项目零分。

2. 答题卷

设计电路图：

3. 评分表

同上题。

五、直接式单相有功电能表组成的量电装置线路安装（试题代码：1.2.4；考核时间：30 min)

1. 试题单

（1）操作条件

1）电路安装接线鉴定板 1 块。

2）万用表 1 个。

3）单相有功电能表 1 个。

4）电工工具 1 套。

（2）操作内容

1）画出直接式单相有功电能表组成的量电装置电路图。

2）在电路安装接线鉴定板上进行明线安装和接线。

3）通电调试。

（3）操作要求

1）按设计电路图进行安装和接线，不要漏接或错接。

2）安装、接线完毕，经考评员允许方可通电调试。

3）安全生产，文明操作。未经允许擅自通电，造成设备损坏者，该项目零分。

2. 答题卷

设计电路图：

3. 评分表

同上题。

六、经电流互感器接入单相有功电能表组成的量电装置线路安装（试题代码：1.2.5；考核时间：30 min）

1. 试题单

（1）操作条件

1）电路安装接线鉴定板 1 块。

2）万用表 1 个。

3）电流互感器、单相有功电能表 1 套。

4) 电工工具 1 套。

（2）操作内容

1) 画出经电流互感器接入单相有功电能表组成的量电装置电路图。

2) 在电路安装接线鉴定板上进行明线安装和接线。

3) 通电调试。

（3）操作要求

1) 按设计电路图进行安装和接线，不要漏接或错接。

2) 安装、接线完毕，经考评员允许方可通电调试。

3) 安全生产，文明操作。未经允许擅自通电，造成设备损坏者，该项目零分。

2. 答题卷

设计电路图：

3. 评分表

同上题。

七、三相异步电动机延时启动、延时停止控制电路安装和调试（试题代码：1.3.1；考核时间：60 min)

1. 试题单

（1）操作条件

1) 电气控制线路接线鉴定板。

2) 三相异步电动机。

3) 连接导线、电工常用工具、万用表。

（2）操作内容。三相异步电动机延时启动、延时停止控制电路如图 4—2 所示。

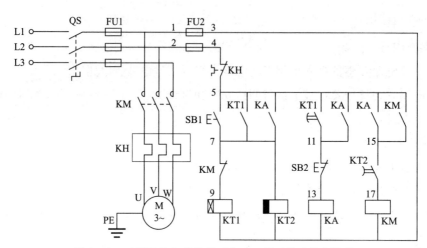

图 4—2　三相异步电动机延时启动、延时停止控制电路

1）在电气控制线路接线鉴定板上接线。

2）完成接线后进行通电调试和运行。

3）电气控制线路及故障现象分析（抽选 1 题）

①如果 KT1 时间继电器的延时触头和 KT2 时间继电器的延时触头互换，这种接法对电路有什么影响？

②如果电路出现只能延时启动，不能延时停止控制的现象，试分析产生该故障的接线方面的可能原因。

（3）操作要求

1）根据给定的设备、仪器和仪表，完成接线、调试和运行。

2）板面导线必须经线槽敷设，线槽外导线必须平直，各节点必须紧密，接电源、电动机、按钮等的导线必须通过接线柱引出。

3）安装、接线完毕，经考评员允许方可通电调试，如遇故障自行排除。

4）安全生产，文明操作。未经允许擅自通电，造成设备损坏者，该项目零分。

2. 答题卷

按考核要求书面说明（抽选 1 题）：

（1）如果 KT1 时间继电器的延时触头和 KT2 时间继电器的延时触头互换，这种接法对电路有什么影响？

（2）如果电路出现只能延时启动，不能延时停止控制的现象，试分析产生该故障的接线方面的可能原因。

3. 评分表

试题代码及名称			1.3.1 三相异步电动机延时启动、延时停止控制电路安装和调试		考核时间			60 min	
评价要素	配分（分）	等级	评分细则	评定等级					得分（分）
				A	B	C	D	E	
否决项			未经允许擅自通电，造成设备损坏者，该项目零分						
1 根据电路图接线和安装	12	A	接线完全正确，接线安装规范						
		B	接线安装错 1 处						
		C	接线安装错 2 处						
		D	接线安装错 3 处及以上						
		E	未答题						
2 通电调试和运行	8	A	通电调试运行步骤、方法与结果完全正确						
		B	通电调试运行失败 1 次，结果正确						
		C	通电调试运行失败 2 次，结果正确						
		D	通电调试运行失败						
		E	未答题						
3 用书面形式回答问题	3	A	回答完整，内容正确						
		B	回答不够完整						
		C	—						
		D	回答不正确						
		E	未答题						

续表

试题代码及名称			1.3.1三相异步电动机延时启动、延时停止控制电路安装和调试		考核时间				60 min	
评价要素	配分（分）	等级	评分细则	评定等级					得分（分）
				A	B	C	D	E	
4 安全文明生产，无事故发生	2	A	安全文明生产，操作规范，穿电工鞋						
		B	安全文明生产，操作规范，但未穿电工鞋						
		C	能遵守安全操作规程，但未达到文明生产要求						
		D	未经允许擅自通电，但未造成设备损坏或在操作过程中烧断熔断器						
		E	未答题						
合计配分	25		合　计　得　分						

等级	A（优）	B（良）	C（及格）	D（差）	E（差或未答题）
比值	1.0	0.8	0.6	0.2	0

"评价要素"得分＝配分×等级比值。

八、两台三相异步电动机顺序启动、顺序停止控制电路安装和调试（试题代码：1.3.3；考核时间：60 min)

1. 试题单

（1）操作条件

1）电气控制线路接线鉴定板。

2）三相异步电动机。

3）连接导线、电工常用工具、万用表。

（2）操作内容。两台三相异步电动机顺序启动、顺序停止控制电路如图4—3所示。

1）在电气控制线路接线鉴定板上接线。

2）完成接线后进行通电调试和运行。

3）电气控制线路及故障现象分析（抽选1题）

①如果电路中的第一台电动机能正常启动，而第二台电动机无法启动，试分析产生该故障的可能原因。

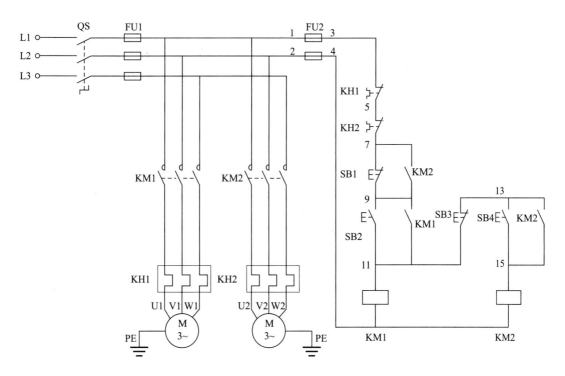

图 4—3　两台三相异步电动机顺序启动、顺序停止控制电路

②如果电路中的第一台电动机不能正常启动，试分析产生该故障的可能原因。

（3）操作要求

1）根据给定的设备、仪器和仪表，完成接线、调试和运行。

2）板面导线必须经线槽敷设，线槽外导线必须平直，各节点必须紧密，接电源、电动机、按钮等的导线必须通过接线柱引出。

3）安装、接线完毕，经考评员允许方可通电调试，如遇故障自行排除。

4）安全生产，文明操作。未经允许擅自通电，造成设备损坏者，该项目零分。

2. 答题卷

按考核要求书面说明（抽选 1 题）：

（1）如果电路中的第一台电动机能正常启动，而第二台电动机无法启动，试分析产生该故障的可能原因。

（2）如果电路中的第一台电动机不能正常启动，试分析产生该故障的可能原因。

3. 评分表

同上题。

九、工作台自动往返控制电路安装和调试（试题代码：1.3.4；考核时间：60 min）

1. 试题单

（1）操作条件

1）电气控制线路接线鉴定板。

2）三相异步电动机。

3）连接导线、电工常用工具、万用表。

（2）操作内容。工作台自动往返控制电路如图4—4所示。

1）在电气控制线路接线鉴定板上接线。

2）完成接线后进行通电调试和运行。

3）电气控制线路及故障现象分析（抽选1题）

①电路中与SB2并联的KM1接触器的常开触头和串联在KM2接触器线圈回路中的KM1接触器的常闭触头各起什么作用？

②如果KM1接触器不能自锁，试分析此时电路工作现象。

（3）操作要求

1）根据给定的设备、仪器和仪表，完成接线、调试和运行。

2）板面导线必须经线槽敷设，线槽外导线必须平直，各节点必须紧密，接电源、电动机、按钮等的导线必须通过接线柱引出。

3）安装、接线完毕，经考评员允许方可通电调试，如遇故障自行排除。

4）安全生产，文明操作。未经允许擅自通电，造成设备损坏者，该项目零分。

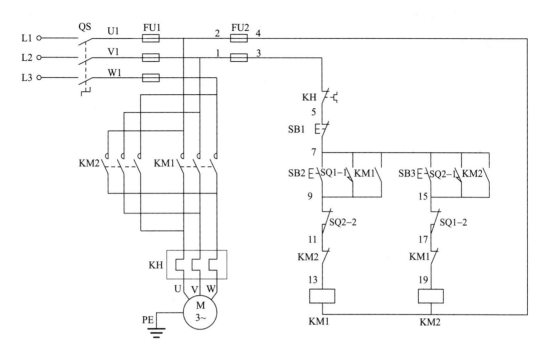

图4—4 工作台自动往返控制电路

2. 答题卷

按考核要求书面说明（抽选1题）：

（1）电路中与SB2并联的KM1接触器的常开触头和串联在KM2接触器线圈回路中的KM1接触器的常闭触头各起什么作用？

（2）如果KM1接触器不能自锁，试分析此时电路工作现象。

3. 评分表

同上题。

十、三相异步电动机按钮、接触器双重联锁的正反转控制电路安装和调试（试题代码：1.3.5；考核时间：60 min）

1. 试题单

（1）操作条件

1）电气控制线路接线鉴定板。

2）三相异步电动机。

3）连接导线、电工常用工具、万用表。

（2）操作内容。三相异步电动机按钮、接触器双重联锁的正反转控制电路如图 4—5 所示。

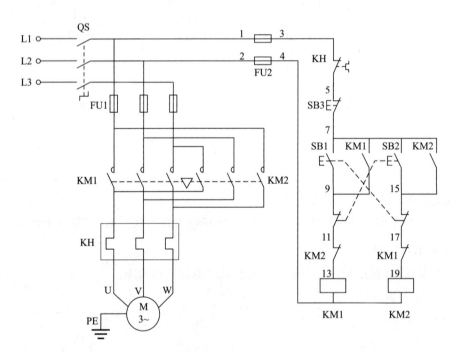

图 4—5　三相异步电动机按钮、接触器双重联锁的正反转控制电路

1）在电气控制线路接线鉴定板上接线。

2）完成接线后进行通电调试和运行。

3）电气控制线路及故障现象分析（抽选 1 题）

①三相异步电动机按钮、接触器双重联锁的正反转控制电路与接触器联锁的正反转控制电路有什么不同？

②如果电路只有正转没有反转控制，试分析产生该故障的可能原因。

（3）操作要求

1）根据给定的设备、仪器和仪表，完成接线、调试和运行。

2）板面导线必须经线槽敷设，线槽外导线必须平直，各节点必须紧密，接电源、电动机、按钮等的导线必须通过接线柱引出。

3）安装、接线完毕，经考评员允许方可通电调试，如遇故障自行排除。

4）安全生产，文明操作。未经允许擅自通电，造成设备损坏者，该项目零分。

2. 答题卷

按考核要求书面说明（抽选1题）：

（1）三相异步电动机按钮、接触器双重联锁的正反转控制电路与接触器联锁的正反转控制电路有什么不同？

（2）如果电路出现只有正转没有反转控制，试分析产生该故障的可能原因。

3. 评分表

同上题。

十一、三相异步电动机连续运转与点动混合控制电路安装和调试（试题代码：1.3.6；考核时间：60 min）

1. 试题单

（1）操作条件

1）电气控制线路接线鉴定板。

2）三相异步电动机。

3）连接导线、电工常用工具、万用表。

（2）操作内容。三相异步电动机连续运转与点动混合控制电路如图4—6所示。

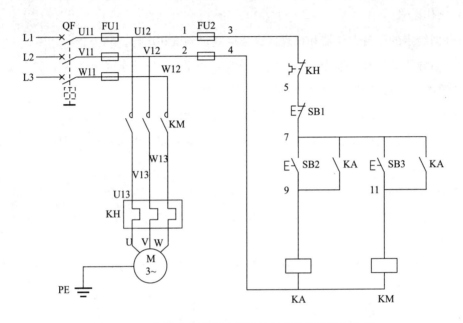

图 4—6 三相异步电动机连续运转与点动混合控制电路

1）在电气控制线路接线鉴定板上接线。

2）完成接线后进行通电调试和运行。

3）电气控制线路及故障现象分析（抽选1题）

①试说明电路中 SB2 和 SB3 按钮的作用。

②如果电路出现只有点动没有连续控制，试分析产生该故障的接线方面的可能原因。

（3）操作要求

1）根据给定的设备、仪器和仪表，完成接线、调试和运行。

2）板面导线必须经线槽敷设，线槽外导线必须平直，各节点必须紧密，接电源、电动机、按钮等的导线必须通过接线柱引出。

3）安装、接线完毕，经考评员允许方可通电调试，如遇故障自行排除。

4）安全生产，文明操作。未经允许擅自通电，造成设备损坏者，该项目零分。

2. 答题卷

按考核要求书面说明（抽选 1 题）：

（1）试说明电路中 SB2 和 SB3 按钮的作用。

（2）如果电路出现只有点动没有连续控制，试分析产生该故障的接线方面的可能原因。

3. 评分表

同上题。

十二、三相异步电动机串电阻减压启动控制电路安装和调试（试题代码：1.3.7；考核时间：60 min)

1. 试题单

（1）操作条件

1）电气控制线路接线鉴定板。

2）三相异步电动机。

3）连接导线、电工常用工具、万用表。

（2）操作内容。三相异步电动机串电阻减压启动控制电路如图 4—7 所示。

1）在电气控制线路接线鉴定板上接线。

2）完成接线后进行通电调试和运行。

3）电气控制线路及故障现象分析（抽选 1 题）

①试述三相笼型异步电动机采用减压启动的原因及实现减压启动的方法。

②如果 KM2 接触器线圈断路损坏，试分析可能产生的故障现象，并说明原因。

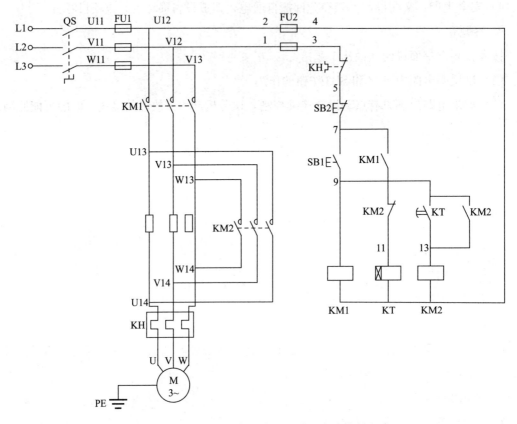

图4—7　三相异步电动机串电阻减压启动控制电路

（3）操作要求

1）根据给定的设备、仪器和仪表，完成接线、调试和运行。

2）板面导线必须经线槽敷设，线槽外导线必须平直，各节点必须紧密，接电源、电动机、按钮等的导线必须通过接线柱引出。

3）安装、接线完毕，经考评员允许方可通电调试，如遇故障自行排除。

4）安全生产，文明操作。未经允许擅自通电，造成设备损坏者，该项目零分。

2. 答题卷

按考核要求书面说明（抽选1题）：

（1）试述三相笼型异步电动机采用减压启动的原因及实现减压启动的方法。

（2）如果 KM2 接触器线圈断路损坏，试分析可能产生的故障现象，并说明原因。

3. 评分表

同上题。

十三、三相异步电动机星形-三角形减压启动控制电路安装和调试（试题代码：1.3.8；考核时间：60 min)

1. 试题单

（1）操作条件

1）电气控制线路接线鉴定板。

2）三相异步电动机。

3）连接导线、电工常用工具、万用表。

（2）操作内容。三相异步电动机星形-三角形减压启动控制电路如图 4—8 所示。

1）在电气控制线路接线鉴定板上接线。

2）完成接线后进行通电调试和运行。

3）电气控制线路及故障现象分析（抽选 1 题）

①如果 KT 时间继电器的常闭延时触头错接成常开延时触头，这种接法对电路有什么影响？

②如果电路出现只有星形运转没有三角形运转控制的故障，试分析产生该故障的接线方面的可能原因。

（3）操作要求

1）根据给定的设备、仪器和仪表，完成接线、调试和运行。

2）板面导线必须经线槽敷设，线槽外导线必须平直，各节点必须紧密，接电源、电动机、按钮等的导线必须通过接线柱引出。

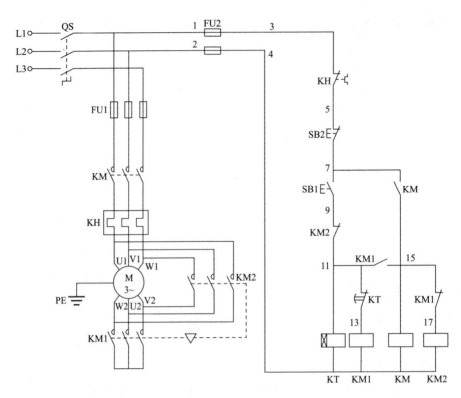

图 4—8 三相异步电动机星形-三角形减压启动控制电路

3）安装、接线完毕，经考评员允许方可通电调试，如遇故障自行排除。

4）安全生产，文明操作。未经允许擅自通电，造成设备损坏者，该项目零分。

2. 答题卷

按考核要求书面说明（抽选 1 题）：

（1）如果 KT 时间继电器的常闭延时触头错接成常开延时触头，这种接法对电路有什么影响？

（2）如果电路出现只有星形运转没有三角形运转控制的故障，试分析产生该故障的接线方面的可能原因。

3. 评分表

同上题。

十四、三相异步电动机反接制动控制电路安装和调试（试题代码：1.3.9；考核时间：60 min）

1. 试题单

（1）操作条件

1）电气控制线路接线鉴定板。

2）三相异步电动机。

3）连接导线、电工常用工具、万用表。

（2）操作内容。三相异步电动机反接制动控制电路如图 4—9 所示。

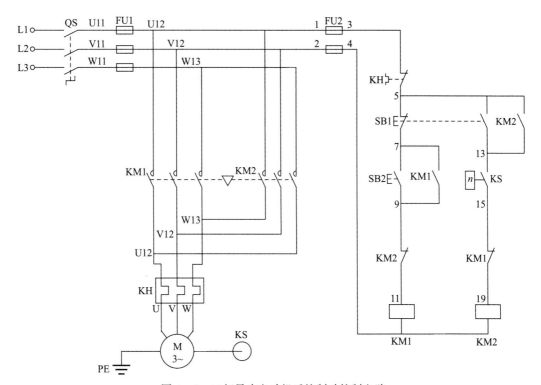

图 4—9 三相异步电动机反接制动控制电路

1）在电气控制线路接线鉴定板上接线。

2）完成接线后进行通电调试和运行。

3）电气控制线路及故障现象分析（抽选1题）

①KM1接触器的常闭触头串联在KM2接触器线圈回路中，同时KM2接触器的常闭触头串联在KM1接触器线圈回路中，这种接法有什么作用？

②如果电路不能正常启动，试分析产生该故障的接线方面的可能原因。

（3）操作要求

1）根据给定的设备、仪器和仪表，完成接线、调试和运行。

2）板面导线必须经线槽敷设，线槽外导线必须平直，各节点必须紧密，接电源、电动机、按钮等的导线必须通过接线柱引出。

3）安装、接线完毕，经考评员允许方可通电调试，如遇故障自行排除。

4）安全生产，文明操作。未经允许擅自通电，造成设备损坏者，该项目零分。

2. 答题卷

按考核要求书面说明（抽选1题）：

（1）KM1接触器的常闭触头串联在KM2接触器线圈回路中，同时KM2接触器的常闭触头串联在KM1接触器线圈回路中，这种接法有什么作用？

（2）如果电路不能正常启动，试分析产生该故障的接线方面的可能原因。

3. 评分表

同上题。

十五、带抱闸制动的异步电动机两地控制电路安装和调试（试题代码：1.3.10；考核时间：60 min）

1. 试题单

（1）操作条件

1）电气控制线路接线鉴定板。

2）三相异步电动机。

3）连接导线、电工常用工具、万用表。

（2）操作内容。带抱闸制动的异步电动机两地控制电路如图4—10所示。

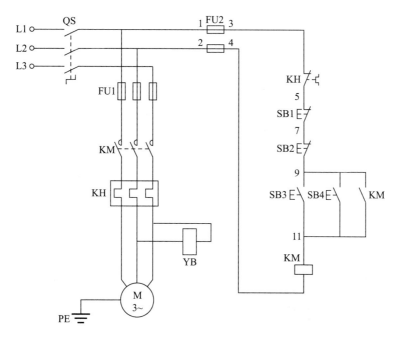

图4—10　带抱闸制动的异步电动机两地控制电路

1）在电气控制线路接线鉴定板上接线。

2）完成接线后进行通电调试和运行。

3）电气控制线路及故障现象分析（抽选1题）

①为什么电路中SB1与SB2串联，而SB3与SB4并联？它们各起什么作用？

②如果KM接触器不能自锁，试分析此时电路工作情况。

（3）操作要求

1）根据给定的设备、仪器和仪表，完成接线、调试和运行。

2）板面导线必须经线槽敷设，线槽外导线必须平直，各节点必须紧密，接电源、电动机、按钮等的导线必须通过接线柱引出。

3）安装、接线完毕，经考评员允许方可通电调试，如遇故障自行排除。

4）安全生产，文明操作。未经允许擅自通电，造成设备损坏者，该项目零分。

2. 答题卷

电气控制线路及故障现象分析（抽选1题）：

（1）为什么电路中 SB1 与 SB2 串联，而 SB3 与 SB4 并联？它们各起什么作用？

（2）如果 KM 接触器不能自锁，试分析此时电路工作情况。

3. 评分表

同上题。

继电控制、照明电路调试和维修

一、三相异步电动机定子绕组引出线首尾端判断、接线及故障分析（试题代码：2.1.1；考核时间：30 min)

1. 试题单

（1）操作条件

1）万用表1个。

2）兆欧表1个。

3）三相异步电动机1台。

4）电工工具1套。

（2）操作内容

1）三相异步电动机定子绕组引出线首尾端判断。

2）根据电动机铭牌画出定子绕组接线图，并接线。

3）通电调试。

4）故障分析（抽选 1 题）

①通电后三相异步电动机不能转动，但无异响，也无异味和冒烟。

②通电后三相异步电动机不能转动，熔丝烧断。

③通电后三相异步电动机不能转动，有嗡嗡声。

④三相异步电动机启动困难，带额定负载时电动机转速低于额定转速较多。

⑤三相异步电动机空载、过负载时，电流表指针不稳、摆动。

（3）操作要求

1）判断步骤正确，使用仪表及工具正确。

2）安全生产，文明操作。未经允许擅自通电，造成设备损坏者，该项目零分。

2. 答题卷

（1）根据三相异步电动机铭牌接线方式，画出其定子绕组接线图。

（2）故障分析（抽选 1 题）

1）故障现象

①通电后三相异步电动机不能转动，但无异响，也无异味和冒烟。

②通电后三相异步电动机不能转动，熔丝烧断。

③通电后三相异步电动机不能转动，有嗡嗡声。

④三相异步电动机启动困难，带额定负载时电动机转速低于额定转速较多。

⑤二相异步电动机空载、过负载时，电流表指针不稳、摆动。

2）故障原因分析

3. 评分表

试题代码及名称			2.1.1 三相异步电动机定子绕组引出线 首尾端判断、接线及故障分析	考核时间				30 min	
评价要素	配分 （分）	等级	评分细则	评定等级					得分 （分）
				A	B	C	D	E	
否决项			未经允许擅自通电，造成设备损坏者，该项目零分						
1	根据要求判别电动机定子绕组引出线首尾端	2	A	判别及所画接线图完全正确					
			B	判别或所画接线图错1处					
			C	判别或所画接线图错2处					
			D	判别或所画接线图错3处及以上					
			E	未答题					
2	根据要求对电动机定子绕组进行接线	3	A	符合接线要求，步骤完全正确					
			B	不符合接线要求1处					
			C	不符合接线要求2处					
			D	不符合接线要求3处及以上					
			E	未答题					
3	通电调试	2	A	通电调试结果完全正确					
			B	通电调试失败1次，通电结果正确					
			C	通电调试失败2次，通电结果正确					
			D	通电调试失败					
			E	未答题					

续表

试题代码及名称			2.1.1 三相异步电动机定子绕组引出线 首尾端判断、接线及故障分析		考核时间				30 min
评价要素	配分 (分)	等级	评分细则	评定等级					得分 (分)
				A	B	C	D	E	
4 根据故障现象，以书面形式做简要分析	2	A	故障分析完全正确，分析条理清晰						
		B	故障分析基本正确，分析条理欠妥						
		C	能写出大部分要点						
		D	分析错误						
		E	未答题						
5 安全文明生产，无事故发生	1	A	安全文明生产，操作规范，穿电工鞋						
		B	安全文明生产，操作规范，但未穿电工鞋						
		C	能遵守安全操作规程，但未达到文明生产要求						
		D	在操作过程中因误操作而烧断熔断器，或未经允许擅自通电但尚未造成设备损坏						
		E	未答题						
合计配分	10		合 计 得 分						

等级	A（优）	B（良）	C（及格）	D（较差）	E（差或未答题）
比值	1.0	0.8	0.6	0.2	0

"评价要素"得分＝配分×等级比值。

二、三相变压器绕组同名端判断、接线及故障分析（试题代码：2.1.2；考核时间：30 min)

1. 试题单

（1）操作条件

1）万用表 1 个。

2）兆欧表 1 个。

3）三相变压器 1 台。

4）电工工具 1 套。

（2）操作内容

1）三相变压器二次绕组同名端判断。

2）根据三相变压器铭牌中联结组标号画出接线图，并接线。

3）通电调试。

4）故障分析（抽选 1 题）

①变压器接通电源而无输出电压。

②变压器温度过高。

③变压器噪声偏大。

④变压器铁芯带电。

（3）操作要求

1）判断步骤正确，使用仪表及工具正确。

2）安全生产，文明操作。未经允许擅自通电，造成设备损坏者，该项目零分。

2. 答题卷

（1）根据三相变压器铭牌中联结组标号画出接线图

（2）故障分析（抽选 1 题）

1）故障现象

①变压器接通电源而无输出电压。

②变压器温度过高。

③变压器噪声偏大。

④变压器铁芯带电。

2）故障原因分析

3. 评分表

试题代码及名称			2.1.2 三相变压器绕组同名端判断、接线及故障分析	考核时间					30 min	
评价要素	配分（分）	等级	评分细则	评定等级					得分（分）	
				A	B	C	D	E		
否决项			未经允许擅自通电，造成设备损坏者，该项目零分							
1　根据要求判别三相变压器同名端	2	A	判别及所画接线图完全正确							
		B	判别或所画接线图错 1 处							
		C	判别或所画接线图错 2 处							
		D	判别或所画接线图错 3 处及以上							
		E	未答题							
2　根据三相变压器联结组标号接线	3	A	接线规范，步骤完全正确							
		B	不符合接线规范 1～2 处							
		C	不符合接线规范 3～4 处							
		D	不符合接线规范 5 处及以上							
		E	未答题							
3　通电调试	2	A	通电调试结果完全正确							
		B	通电调试失败 1 次，通电结果正确							
		C	通电调试失败 2 次，通电结果正确							
		D	通电调试失败							
		E	未答题							

续表

试题代码及名称				2.1.2 三相变压器绕组同名端判断、接线及故障分析	考核时间						30 min
评价要素		配分（分）	等级	评分细则	评定等级						得分（分）
					A	B	C	D	E		
4	根据故障现象，以书面形式做简要分析	2	A	故障分析完全正确，分析条理清晰							
			B	故障分析基本正确，分析条理欠妥							
			C	能写出大部分要点							
			D	分析错误							
			E	未答题							
5	安全文明生产，无事故发生	1	A	安全文明生产，操作规范，穿电工鞋							
			B	安全文明生产，操作规范，但未穿电工鞋							
			C	能遵守安全操作规程，但未达到文明生产要求							
			D	在操作过程中因误操作而烧断熔断器，或未经允许擅自通电但尚未造成设备损坏							
			E	未答题							
合计配分		10		合 计 得 分							

等级	A（优）	B（良）	C（及格）	D（较差）	E（差或未答题）
比值	1.0	0.8	0.6	0.2	0

"评价要素"得分＝配分×等级比值。

三、中小型异步电动机测试及故障分析（试题代码：2.1.3；考核时间：30 min）

1. 试题单

（1）操作条件

1）万用表 1 个。

2）兆欧表 1 个。

3）钳形电流表 1 个。

4）三相异步电动机 1 台。

5）电工工具 1 套。

（2）操作内容

1）三相异步电动机的电阻值测量

①三相异步电动机的直流电阻值测量。

②三相异步电动机的绝缘电阻值测量。

2）三相异步电动机空载试验：接线、运转、测量空载电流。

3）故障分析（抽选 1 题）

①电动机过热，甚至冒烟。

②运行中电动机振动较大。

③电动机运行时声音不正常，有异响。

④通电后电动机不能转动，有嗡嗡声。

⑤通电后电动机不能转动，但无异响，也无异味和冒烟。

（3）操作要求

1）判断步骤正确，使用仪表及工具正确。

2）安全生产，文明操作。未经允许擅自通电，造成设备损坏者，该项目零分。

2. 答题卷

（1）测量各相绕组的直流电阻值

U 相_____、V 相_____、W 相_____。

（2）测量各相绕组的对地绝缘电阻值

U 相_____、V 相_____、W 相_____。

（3）测量各相绕组的相间绝缘电阻值

U−V _____、V−W _____、W−U _____。

（4）测量三相空载电流

U 相_____、V 相_____、W 相_____。

（5）故障分析（抽选 1 题）

1）故障现象

①电动机过热，甚至冒烟。

②运行中电动机振动较大。

③电动机运行时声音不正常，有异响。

④通电后电动机不能转动，有嗡嗡声。

⑤通电后电动机不能转动，但无异响，也无异味和冒烟。

2）故障原因分析

3. 评分表

试题代码及名称			2.1.3 中小型异步电动机测试及故障分析		考核时间				30 min
评价要素	配分（分）	等级	评分细则	评定等级					得分（分）
				A	B	C	D	E	
否决项			未经允许擅自通电，造成设备损坏者，该项目零分						
1	根据要求对三相异步电动机进行直流电阻值和绝缘电阻值测量	2	A	电阻值测量结果和测量方法完全正确					
			B	电阻值测量结果错1处，但测量方法基本正确					
			C	电阻值测量结果错1处，测量方法错误					
			D	电阻值测量结果和测量方法或不能测量					
			E	未答题					
2	电动机空载试验	3	A	空载试验方法正确、熟练					
			B	空载试验方法正确，但不够熟练					
			C	空载试验方法不正确，经提示后能运行					
			D	空载试验方法不正确					
			E	未答题					

续表

试题代码及名称			2.1.3中小型异步电动机测试及故障分析		考核时间				30 min
评价要素		配分(分)	等级	评分细则	评定等级				得分(分)
					A	B	C	D E	
3	电动机电流测量	2	A	电流测量结果和测量方法完全正确					
			B	电流测量结果错1处,但测量方法基本正确					
			C	电流测量结果错1处,测量方法错误					
			D	电流测量结果和测量方法错或不能测量					
			E	未答题					
4	根据故障现象,以书面形式做简要分析	2	A	故障分析完全正确,分析条理清晰					
			B	故障分析基本正确,分析条理欠妥					
			C	能写出大部分要点					
			D	分析错误					
			E	未答题					
5	安全文明生产,无事故发生	1	A	安全文明生产,操作规范,穿电工鞋					
			B	安全文明生产,操作规范,但未穿电工鞋					
			C	能遵守安全操作规程,但未达到文明生产要求					
			D	在操作过程中因误操作而烧断熔断器,或未经允许擅自通电但尚未造成设备损坏					
			E	未答题					
合计配分		10		合 计 得 分					

等级	A(优)	B(良)	C(及格)	D(较差)	E(差或未答题)
比值	1.0	0.8	0.6	0.2	0

"评价要素"得分=配分×等级比值。

四、交流接触器拆装、检修及故障分析(试题代码:2.1.4;考核时间:30 min)

1. 试题单

(1) 操作条件

105

1）交流接触器1个。

2）电工工具1套。

（2）操作内容

1）交流接触器的拆卸。

2）交流接触器的装配。

3）交流接触器的通电调试。

4）交流接触器的故障分析（抽选1题）

①交流接触器不释放或释放缓慢。

②交流接触器吸不上或吸力不足。

③交流接触器通电后电磁噪声大。

（3）操作要求

1）按步骤正确拆装，工具使用正确。

2）安全生产，文明操作。未经允许擅自通电，造成设备损坏者，该项目零分。

2. 答题卷

（1）交流接触器的故障分析。故障现象（抽选1题）：

1）交流接触器不释放或释放缓慢。

2）交流接触器吸不上或吸力不足。

3）交流接触器通电后电磁噪声大。

（2）故障原因分析

3. 评分表

试题代码及名称			2.1.4交流接触器拆装、检修及故障分析		考核时间				30 min	
评价要素	配分(分)	等级	评分细则	评定等级					得分(分)	
				A	B	C	D	E		
否决项			未经允许擅自通电，造成设备损坏者，该项目零分							
1 根据考核要求拆卸交流接触器	2	A	拆卸步骤及方法完全正确							
		B	拆卸步骤及方法错1处							
		C	拆卸步骤及方法错2处							
		D	拆卸步骤及方法错3处及以上							
		E	未答题							
2 根据考核要求装配交流接触器	3	A	装配步骤完全规范正确							
		B	不符合装配规范1~2处							
		C	不符合装配规范3~4处							
		D	不符合装配规范5处及以上							
		E	未答题							
3 通电调试	2	A	通电调试结果完全正确							
		B	通电调试失败1次，通电结果正确							
		C	通电调试失败2次，通电结果正确							
		D	通电调试失败							
		E	未答题							
4 根据故障现象，以书面形式做简要分析	2	A	故障分析完全正确，分析条理清晰							
		B	故障分析基本正确，分析条理欠妥							
		C	能写出大部分要点							
		D	分析错误							
		E	未答题							

续表

试题代码及名称			2.1.4 交流接触器拆装、检修及故障分析		考核时间					30 min
评价要素	配分（分）	等级	评分细则	评定等级					得分（分）
				A	B	C	D	E	
5　安全文明生产，无事故发生	1	A	安全文明生产，操作规范，穿电工鞋						
		B	安全文明生产，操作规范，但未穿电工鞋						
		C	能遵守安全操作规程，但未达到文明生产要求						
		D	在操作过程中因误操作而烧断熔断器，或未经允许擅自通电但尚未造成设备损坏						
		E	未答题						
合计配分	10		合　计　得　分						

等级	A（优）	B（良）	C（及格）	D（较差）	E（差或未答题）
比值	1.0	0.8	0.6	0.2	0

"评价要素"得分＝配分×等级比值。

五、空气阻尼式时间继电器改装及故障分析（试题代码：2.1.5；考核时间：30 min）

1. 试题单

（1）操作条件

1）空气阻尼式时间继电器1个。

2）电工工具1套。

（2）操作内容

1）空气阻尼式时间继电器通电延时和断电延时的改装。

2）通电调试。

3）故障分析（抽选1题）

①空气阻尼式时间继电器延时触头不起作用。

②空气阻尼式时间继电器通电吸合有噪声及线圈发热。

③空气阻尼式时间继电器调节延时螺钉但气室无反应。

（3）操作要求

1）按步骤改装正确，工具使用正确。

2）安全生产，文明操作。未经允许擅自通电，造成设备损坏者，该项目零分。

2. 答题卷

（1）故障分析。故障现象（抽选 1 题）：

1）空气阻尼式时间继电器延时触头不起作用。

2）空气阻尼式时间继电器通电吸合有噪声及线圈发热。

3）空气阻尼式时间继电器调节延时螺钉但气室无反应。

（2）故障原因分析

3. 评分表

试题代码及名称			2.1.5 空气阻尼式时间继电器改装及故障分析		考核时间			30 min	
评价要素	配分（分）	等级	评分细则	评定等级					得分（分）
				A	B	C	D	E	
否决项			未经允许擅自通电，造成设备损坏者，该项目零分						
1　根据要求拆卸空气阻尼式时间继电器	2	A	拆卸步骤及方法完全正确						
		B	拆卸步骤及方法错 1 处						
		C	拆卸步骤及方法错 2 处						
		D	拆卸步骤及方法错 3 处及以上						
		E	未答题						

续表

试题代码及名称			2.1.5 空气阻尼式时间继电器改装及故障分析					考核时间		30 min
评价要素		配分（分）	等级	评分细则	A	B	C	D	E	得分（分）
2	根据考核要求装配空气阻尼式时间继电器	3	A	装配步骤完全规范正确						
			B	不符合装配规范1～2处						
			C	不符合装配规范3～4处						
			D	不符合装配规范5处及以上						
			E	未答题						
3	通电调试	2	A	通电调试结果完全正确						
			B	通电调试失败1次，通电结果正确						
			C	通电调试失败2次，通电结果正确						
			D	通电调试失败						
			E	未答题						
4	根据故障现象，以书面形式做简要分析	2	A	故障分析完全正确，分析条理清晰						
			B	故障分析基本正确，分析条理欠妥						
			C	能写出大部分要点						
			D	分析错误						
			E	未答题						
5	安全文明生产，无事故发生	1	A	安全文明生产，操作规范，穿电工鞋						
			B	安全文明生产，操作规范，但未穿电工鞋						
			C	能遵守安全操作规程，但未达到文明生产要求						
			D	在操作过程中因误操作而烧断熔断器，或未经允许擅自通电但尚未造成设备损坏						
			E	未答题						
合计配分		10		合 计 得 分						

等级	A（优）	B（良）	C（及格）	D（较差）	E（差或未答题）
比值	1.0	0.8	0.6	0.2	0

"评价要素"得分＝配分×等级比值。

六、两地控制照明电路故障分析和排除（试题代码：2.2.2；考核时间：30 min）

1．试题单

（1）操作条件

1）两地控制照明电路模拟鉴定板。

2）两地控制照明电路图（见图4—11）。

3）电工常用工具、万用表。

（2）操作内容

1）根据两地控制照明电路模拟鉴定板和电路图，对故障现象和原因进行分析，找出实际具体故障点。

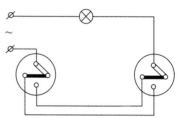

图4—11　两地控制照明电路图

2）将故障现象、故障原因分析、实际具体故障点填入答题卷中。

3）排除故障，使两地控制照明电路恢复正常工作。

（3）操作要求

1）检查故障方法和步骤应正确，使用工具应规范。

2）安全生产，文明操作。未经允许擅自通电，造成设备损坏者，该项目零分。

2．答题卷

（1）第一题

故障现象_____

_____

_____

_____

　分析可能的故障原因_____

_____

_____

写出实际故障点＿＿＿＿＿＿＿＿＿＿＿＿＿＿＿＿＿＿＿＿＿＿＿＿＿＿＿＿＿＿

（2）第二题

故障现象＿＿＿＿＿＿＿＿＿＿＿＿＿＿＿＿＿＿＿＿＿＿＿＿＿＿＿＿＿＿＿＿＿

分析可能的故障原因＿＿＿＿＿＿＿＿＿＿＿＿＿＿＿＿＿＿＿＿＿＿＿＿＿＿＿

写出实际故障点＿＿＿＿＿＿＿＿＿＿＿＿＿＿＿＿＿＿＿＿＿＿＿＿＿＿＿＿＿＿

3. 评分表

试题代码及名称			2.2.2 两地控制照明电路故障分析和排除	考核时间				30 min	
评价要素	配分（分）	等级	评分细则	评定等级					得分（分）
				A	B	C	D	E	
否决项			未经允许擅自通电，造成设备损坏者，该项目零分						
1	根据设定的故障，以书面形式写出故障现象	2	A	通电检查，2个故障现象判别完全正确					
			B	通电检查，2个故障现象判别基本正确					
			C	通电检查，1个故障现象判别正确，另1个判别不正确					
			D	未进行通电检查判别，或通电检查时不会判别故障现象					
			E	未答题					

续表

试题代码及名称		2.2.2两地控制照明电路故障分析和排除				考核时间				30 min
评价要素		配分(分)	等级	评分细则	评定等级					得分(分)
					A	B	C	D	E	
2	根据故障现象,对故障原因以书面形式做简要分析	2	A	2个故障原因分析完全正确						
			B	2个故障原因分析基本正确,但均不完整						
			C	1个故障原因分析基本正确,另1个故障原因分析不正确						
			D	2个故障原因分析均错误						
			E	未答题						
3	排除故障,写出实际具体故障点	5	A	2个故障点排除完全正确						
			B	2个故障点正确确定,但只能排除1个故障点						
			C	确定2个故障点但不能排除,或确定并排除1个故障点						
			D	2个故障点均未能确定						
			E	未答题						
4	安全文明生产,无事故发生	1	A	安全文明生产,操作规范,穿电工鞋						
			B	安全文明生产,操作规范,但未穿电工鞋						
			C	能遵守安全操作规程,但未达到文明生产要求						
			D	安全文明生产差,操作不规范						
			E	未答题						
合计配分		10	合　计　得　分							

等级	A（优）	B（良）	C（及格）	D（较差）	E（差或未答题）
比值	1.0	0.8	0.6	0.2	0

"评价要素"得分＝配分×等级比值。

七、经电流互感器接入单相有功电能表组成的量电装置故障分析和排除（试题代码：2.2.3；考核时间：30 min）

1. 试题单

（1）操作条件

1）量电装置模拟鉴定板。

2）经电流互感器接入单相有功电能表组成的量电装置电路图（见图 4—12）。

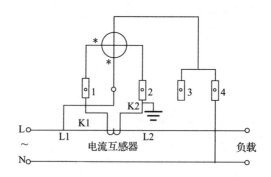

图 4—12　量电装置电路图

3）电工常用工具、万用表。

（2）操作内容

1）根据经电流互感器接入单相有功电能表组成的量电装置模拟鉴定板和电路图，对故障现象和原因进行分析，找出实际具体故障点。

2）将故障现象、故障原因分析、实际具体故障点填入答题卷中。

3）排除故障，使量电装置电路恢复正常工作。

（3）操作要求

1）检查故障方法和步骤应正确，使用工具应规范。

2）安全生产，文明操作。未经允许擅自通电，造成设备损坏者，该项目零分。

2. 答题卷

（1）第一题

故障现象_____

分析可能的故障原因_____

_____

_____

写出实际故障点_____

_____

（2）第二题

故障现象_____

_____

分析可能的故障原因_____

_____

写出实际故障点_____

_____

3. 评分表

同上题。

八、三相异步电动机正反转控制电路故障分析和排除（试题代码：2.3.1；考核时间：30 min）

1. 试题单

（1）操作条件

1）三相异步电动机控制线路排除故障模拟鉴定板。

2）三相异步电动机正反转控制线路图（见图4—13）。

3）电工常用工具、万用表。

（2）操作内容

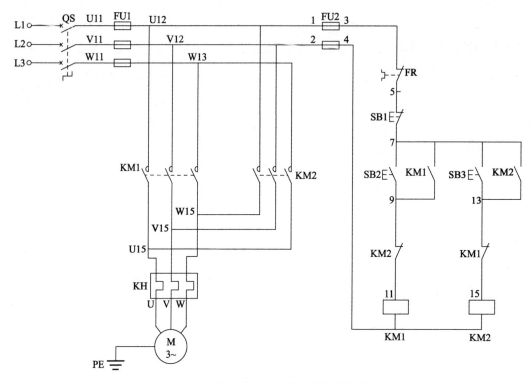

图 4—13　三相异步电动机正反转控制线路图

1）根据给定的三相异步电动机控制线路排除故障模拟鉴定板和三相异步电动机正反转控制线路图，利用万用表等工具进行检查，对故障现象和原因进行分析，找出实际具体故障点。

2）将故障现象、故障原因分析、实际具体故障点填入答题卷中。

3）排除故障，使电路恢复正常工作。

（3）操作要求

1）检查故障方法和步骤应正确，使用工具应规范。

2）安全生产，文明操作。未经允许擅自通电，造成设备损坏者，该项目零分。

2. 答题卷

（1）第一题

故障现象_____

分析可能的故障原因＿＿＿＿＿＿＿＿＿＿＿＿＿＿＿＿＿＿＿＿＿＿＿＿＿＿＿＿

＿＿＿＿＿＿＿＿＿＿＿＿＿＿＿＿＿＿＿＿＿＿＿＿＿＿＿＿＿＿＿＿＿＿＿＿＿＿

写出实际故障点＿＿＿＿＿＿＿＿＿＿＿＿＿＿＿＿＿＿＿＿＿＿＿＿＿＿＿＿＿＿＿

（2）第二题

故障现象＿＿＿＿＿＿＿＿＿＿＿＿＿＿＿＿＿＿＿＿＿＿＿＿＿＿＿＿＿＿＿＿＿＿

＿＿＿＿＿＿＿＿＿＿＿＿＿＿＿＿＿＿＿＿＿＿＿＿＿＿＿＿＿＿＿＿＿＿＿＿＿＿

分析可能的故障原因＿＿＿＿＿＿＿＿＿＿＿＿＿＿＿＿＿＿＿＿＿＿＿＿＿＿＿＿

＿＿＿＿＿＿＿＿＿＿＿＿＿＿＿＿＿＿＿＿＿＿＿＿＿＿＿＿＿＿＿＿＿＿＿＿＿＿

写出实际故障点＿＿＿＿＿＿＿＿＿＿＿＿＿＿＿＿＿＿＿＿＿＿＿＿＿＿＿＿＿＿＿

3. 评分表

试题代码及名称			2.3.1 三相异步电动机正反转控制电路故障分析和排除	考核时间				30 min
评价要素	配分（分）	等级	评分细则	评定等级				得分（分）
				A	B	C	D	E	
否决项			未经允许擅自通电，造成设备损坏者，该项目零分					
1	根据设定的故障，以书面形式写出故障现象	5	A	通电检查，2 个故障现象判别完全正确					
			B	通电检查，2 个故障现象判别基本正确					
			C	通电检查，1 个故障现象判别正确，另 1 个判别不正确					
			D	通电检查，2 个故障现象均判别错误					
			E	未答题					

续表

试题代码及名称			2.3.1三相异步电动机正反转控制电路故障分析和排除		考核时间					30 min	
评价要素		配分（分）	等级	评分细则	评定等级					得分（分）	
					A	B	C	D	E		
2	根据故障现象，对故障原因以书面形式做简要分析	8	A	2个故障原因分析完全正确							
			B	2个故障原因分析基本正确							
			C	1个故障原因分析正确，另1个故障原因分析不正确							
			D	2个故障原因分析均有错误							
			E	未答题							
3	排除故障，写出实际具体故障点	10	A	2个故障排除完全正确							
			B	1个故障排除正确，另1个故障排除不正确							
			C	经返工后能排除1个故障							
			D	2个故障均未能排除							
			E	未答题							
4	安全文明生产，无事故发生	2	A	安全文明生产，操作规范，穿电工鞋							
			B	安全文明生产，操作规范，但未穿电工鞋							
			C	能遵守安全操作规程，但未达到文明生产要求							
			D	安全文明生产差，操作不规范							
			E	未答题							
合计配分		25		合 计 得 分							

等级	A（优）	B（良）	C（及格）	D（较差）	E（差或未答题）
比值	1.0	0.8	0.6	0.2	0

"评价要素"得分＝配分×等级比值。

九、三相异步电动机星形-三角形减压启动控制电路故障分析和排除（试题代码：2.3.2；考核时间：30 min)

1. 试题单

（1）操作条件

1）三相异步电动机控制线路排除故障模拟鉴定板。

2）三相异步电动机星形-三角形减压启动控制电路图（见图4—8）。

3）电工常用工具、万用表。

（2）操作内容

1）根据给定的三相异步电动机控制线路排除故障模拟鉴定板和三相异步电动机星形-三角形减压启动控制电路，利用万用表等工具进行检查，对故障现象和原因进行分析，找出实际具体故障点。

2）将故障现象、故障原因分析、实际具体故障点填入答题卷中。

3）排除故障，使电路恢复正常工作。

（3）操作要求

1）检查故障方法和步骤应正确，使用工具应规范。

2）安全生产，文明操作。未经允许擅自通电，造成设备损坏者，该项目零分。

2. 答题卷

（1）第一题

故障现象＿＿＿＿＿＿＿＿＿＿＿＿＿＿＿＿＿＿＿＿＿＿＿＿＿＿＿＿＿＿＿＿

＿＿＿＿＿＿＿＿＿＿＿＿＿＿＿＿＿＿＿＿＿＿＿＿＿＿＿＿＿＿＿＿＿＿＿＿＿＿

＿＿＿＿＿＿＿＿＿＿＿＿＿＿＿＿＿＿＿＿＿＿＿＿＿＿＿＿＿＿＿＿＿＿＿＿＿＿

分析可能的故障原因＿＿＿＿＿＿＿＿＿＿＿＿＿＿＿＿＿＿＿＿＿＿＿＿＿＿＿

＿＿＿＿＿＿＿＿＿＿＿＿＿＿＿＿＿＿＿＿＿＿＿＿＿＿＿＿＿＿＿＿＿＿＿＿＿＿

＿＿＿＿＿＿＿＿＿＿＿＿＿＿＿＿＿＿＿＿＿＿＿＿＿＿＿＿＿＿＿＿＿＿＿＿＿＿

＿＿＿＿＿＿＿＿＿＿＿＿＿＿＿＿＿＿＿＿＿＿＿＿＿＿＿＿＿＿＿＿＿＿＿＿＿＿

写出实际故障点＿＿＿＿＿＿＿＿＿＿＿＿＿＿＿＿＿＿＿＿＿＿＿＿＿＿＿＿＿＿

（2）第二题

故障现象_____

_____

分析可能的故障原因_____

_____

_____

_____

写出实际故障点_____

_____

3. 评分表

同上题。

十、三相异步电动机延时启动、延时停止控制电路故障分析和排除（试题代码：2.3.3；考核时间：30 min）

1. 试题单

（1）操作条件

1）三相异步电动机控制线路排除故障模拟鉴定板。

2）三相异步电动机延时启动、延时停止控制电路（见图4—2）。

3）电工常用工具、万用表。

（2）操作内容

1）根据给定的三相异步电动机控制线路排除故障模拟鉴定板和三相异步电动机延时启动、延时停止控制电路，利用万用表等工具进行检查，对故障现象和原因进行分析，找出实际具体故障点。

2）将故障现象、故障原因分析、实际具体故障点填入答题卷中。

3）排除故障，使电路恢复正常工作。

（3）操作要求

1）检查故障方法和步骤应正确，使用工具应规范。

2）安全生产，文明操作。未经允许擅自通电，造成设备损坏者，该项目零分。

2. 答题卷

（1）第一题

故障现象_____

_____

_____

分析可能的故障原因_____

_____

_____

_____

写出实际故障点_____

_____

（2）第二题

故障现象_____

_____

分析可能的故障原因_____

_____

_____

_____

写出实际故障点_____

_____

3. 评分表

同上题。

十一、带抱闸制动的异步电动机两地控制电路故障分析和排除（试题代码：2.3.5；考核时间：30 min）

1. 试题单

（1）操作条件

1）异步电动机控制线路排除故障模拟鉴定板。

2）带抱闸制动的异步电动机两地控制电路（见图 4—10）。

3）电工常用工具、万用表。

（2）操作内容

1）根据给定的异步电动机控制线路排除故障模拟鉴定板和带抱闸制动的异步电动机两地控制电路，利用万用表等工具进行检查，对故障现象和原因进行分析，找出实际具体故障点。

2）将故障现象、故障原因分析、实际具体故障点填入答题卷中。

3）排除故障，使电路恢复正常工作。

（3）操作要求

1）检查故障方法和步骤应正确，使用工具应规范。

2）安全生产，文明操作。未经允许擅自通电，造成设备损坏者，该项目零分。

2. 答题卷

（1）第一题

故障现象_____

_____

_____

分析可能的故障原因_____

_____

_____

_____

_____

写出实际故障点＿＿＿＿＿＿＿＿＿＿＿＿＿＿＿＿＿＿＿＿＿＿＿

＿＿＿＿＿＿＿＿＿＿＿＿＿＿＿＿＿＿＿＿＿＿＿＿＿＿＿＿＿＿

（2）第二题

故障现象＿＿＿＿＿＿＿＿＿＿＿＿＿＿＿＿＿＿＿＿＿＿＿＿＿＿

＿＿＿＿＿＿＿＿＿＿＿＿＿＿＿＿＿＿＿＿＿＿＿＿＿＿＿＿＿＿

＿＿＿＿＿＿＿＿＿＿＿＿＿＿＿＿＿＿＿＿＿＿＿＿＿＿＿＿＿＿

分析可能的故障原因＿＿＿＿＿＿＿＿＿＿＿＿＿＿＿＿＿＿＿＿＿

＿＿＿＿＿＿＿＿＿＿＿＿＿＿＿＿＿＿＿＿＿＿＿＿＿＿＿＿＿＿

＿＿＿＿＿＿＿＿＿＿＿＿＿＿＿＿＿＿＿＿＿＿＿＿＿＿＿＿＿＿

＿＿＿＿＿＿＿＿＿＿＿＿＿＿＿＿＿＿＿＿＿＿＿＿＿＿＿＿＿＿

写出实际故障点＿＿＿＿＿＿＿＿＿＿＿＿＿＿＿＿＿＿＿＿＿＿＿

＿＿＿＿＿＿＿＿＿＿＿＿＿＿＿＿＿＿＿＿＿＿＿＿＿＿＿＿＿＿

3. 评分表

同上题。

基本电子电路安装和调试

一、直流电源与三极管静态工作点测量（试题代码：3.1.1；考核时间：30 min）

1. 试题单

（1）操作条件

1）基本印制电路板。

2）万用表 1 个。

3）焊接工具 1 套。

4）相关元器件 1 袋。

5）变压器 1 台。

（2）操作内容

1）用万用表测量二极管、三极管和电容，判断好坏。

2）按直流电源电路（见图4—14）元器件明细表配齐元器件，并检测筛选出技术参数合适的元器件。

3）按直流电源电路进行安装。

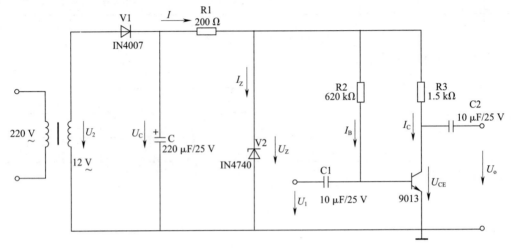

图4—14　直流电源电路

4）安装后，通电调试并测量电压 U_2、U_C、U_Z，以及测量三极管静态工作点电流 I_B、I_C 和静态电压 U_{CE}。

5）通过测量结果简述电路的工作原理，说明三极管是否有电流放大作用，静态工作点是否合适。

（3）操作要求

1）根据给出的印制电路板和仪器仪表，完成焊接、调试和测量工作。

2）调试过程中一般故障自行解决。

3）焊接完成后，经考评员允许方可通电调试。

4）安全生产，文明操作。未经允许擅自通电，造成设备损坏者，该项目零分。

2. 答题卷

（1）元器件检测

1）判断二极管的好坏_____并选择原因_____。

A. 好   B. 坏   C. 正向导通，反向截止

D. 正向导通，反向导通   E. 正向截止，反向截止

2）判断三极管的好坏_____。

A. 好   B. 坏

3）判断三极管的基极_____。

A. 1号脚为基极   B. 2号脚为基极   C. 3号脚为基极

4）判断电解电容_____。

A. 有充放电功能   B. 开路   C. 短路

（2）测量电压 U_2、U_C、U_Z 填入下表中，测量三极管静态工作点电流 I_B、I_C 和静态电压 U_{CE} 填入下表中（抽选三个参数进行测量）。

U_2	U_C	U_Z	I_B	I_C	U_{CE}

（3）通过测量结果简述电路的工作原理，说明三极管是否有电流放大作用，静态工作点是否合适。

3. 评分表

试题代码及名称			3.1.1 直流电源与三极管静态工作点测量		考核时间				30 min	
评价要素	配分（分）	等级	评分细则		评定等级					得分（分）
				A	B	C	D	E		
否决项			未经允许擅自通电，造成设备损坏者，该项目零分							
1	元器件检测	5	A	全对						
			B	错1项						
			C	错2项						
			D	错3项及以上						
			E	未答题						

续表

试题代码及名称				3.1.1直流电源与三极管静态工作点测量	考核时间					30 min
评价要素		配分（分）	等级	评分细则	评定等级					得分（分）
					A	B	C	D	E	
2	按电路图焊接	3	A	焊接元器件正确无误，且焊点齐全、光洁、无毛刺、无虚焊						
			B	焊接元器件有错，能自行修正，且无毛刺、无虚焊						
			C	焊接元器件有错，能自行修正，焊接质量差，有毛刺、有虚焊						
			D	焊接元器件经自行修正还有错						
			E	未答题						
3	万用表使用	6	A	正确使用万用表测量和读数						
			B	测量和读数错1~2个						
			C	测量和读数错3~4个						
			D	测量和读数错5个及以上						
			E	未答题						
4	通电调试	4	A	通电调试完全正确						
			B	通电调试错1次						
			C	通电调试错2次						
			D	通电调试错3次及以上						
			E	未答题						
5	电路工作原理分析	5	A	工作原理分析完全正确						
			B	工作原理分析不够完整						
			C	工作原理分析有1~2处错误						
			D	工作原理分析有3处及以上错误						
			E	未答题						
6	安全文明生产，无事故发生	2	A	安全文明生产，操作符合规程						
			B	操作过程中损坏元器件1~2个						
			C	操作过程中损坏元器件3个及以上						
			D	不能安全文明生产，不符合操作规程						
			E	未答题						
合计配分		25		合 计 得 分						

等级	A（优）	B（良）	C（及格）	D（较差）	E（差或未答题）
比值	1.0	0.8	0.6	0.2	0

"评价要素"得分＝配分×等级比值。

二、单相半波整流、电容滤波、稳压管稳压电路安装和调试（试题代码：3.2.1；考核时间：30 min）

1. 试题单

（1）操作条件

1）基本印制电路板。

2）万用表 1 个。

3）焊接工具 1 套。

4）相关元器件 1 袋。

5）变压器 1 台。

（2）操作内容

1）用万用表测量二极管、三极管和电容，判断好坏。

2）按单相半波整流、电容滤波、稳压管稳压电路（见图 4—15）元器件明细表配齐元器件，并检测筛选出技术参数合适的元器件。

3）按单相半波整流、电容滤波、稳压管稳压电路进行安装。

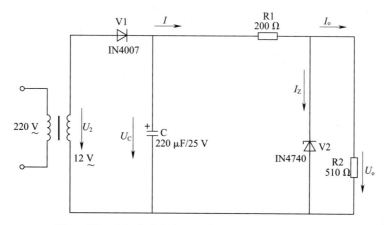

图 4—15　单相半波整流、电容滤波、稳压管稳压电路

4）安装后，通电调试并测量电压 U_2、U_C、U_o 及电流 I、I_Z、I_o。

5）通过测量结果简述电路的工作原理。

（3）操作要求

1）根据给出的印制电路板和仪器仪表，完成焊接、调试和测量工作。

2）调试过程中一般故障自行解决。

3）焊接完成后，经考评员允许方可通电调试。

4）安全生产，文明操作。未经允许擅自通电，造成设备损坏者，该项目零分。

2. 答题卷

（1）元器件检测

1）判断二极管的好坏_____并选择原因_____。

A. 好   B. 坏   C. 正向导通，反向截止

D. 正向导通，反向导通   E. 正向截止，反向截止

2）判断三极管的好坏_____。

A. 好   B. 坏

3）判断三极管的基极_____。

A. 1 号脚为基极   B. 2 号脚为基极   C. 3 号脚为基极

4）判断电解电容_____。

A. 有充放电功能   B. 开路   C. 短路

（2）测量电压 U_2、U_C、U_o 及电流 I、I_Z、I_o，填入下表中（抽选三个参数进行测量）。

U_1	U_2	U_C	U_o	I	I_Z	I_o
220 V						

（3）通过测量结果简述电路的工作原理。

3. 评分表

同上题。

三、负载变化的单相半波整流、电容滤波、稳压管稳压电路安装和调试（试题代码：3.2.2；考核时间：30 min）

1. 试题单

（1）操作条件

1）基本印制电路板。

2）万用表 1 个。

3）焊接工具 1 套。

4）相关元器件 1 袋。

5）变压器 1 台。

（2）操作内容

1）用万用表测量二极管、三极管和电容，判断好坏。

2）按负载变化的单相半波整流、电容滤波、稳压管稳压电路（见图 4—16）元器件明细表配齐元器件，并检测筛选出技术参数合适的元器件。

3）按负载变化的单相半波整流、电容滤波、稳压管稳压电路进行安装。

4）安装后，通电调试并在开关合上及打开的两种情况下，测量电压 U_2、U_C、U_o，电流 I、I_Z、I_o 及四个负载电阻上的电压 U_3、U_4、U_5、U_6。

5）通过测量结果简述电路的工作原理，说明电压表内阻对测量的影响。

（3）操作要求

1）根据给出的印制电路板和仪器仪表，完成焊接、调试和测量工作。

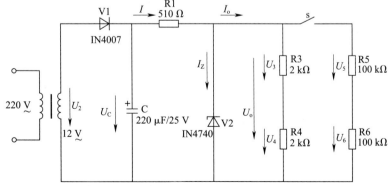

图 4—16　负载变化的单相半波整流、电容滤波、稳压管稳压电路

2）调试过程中一般故障自行解决。

3）焊接完成后，经考评员允许方可通电调试。

4）安全生产，文明操作。未经允许擅自通电，造成设备损坏者，该项目零分。

2. 答题卷

（1）元器件检测

1）判断二极管的好坏_____并选择原因_____。

A. 好   B. 坏   C. 正向导通，反向截止

D. 正向导通，反向导通   E. 正向截止，反向截止

2）判断三极管的好坏_____。

A. 好   B. 坏

3）判断三极管的基极_____。

A. 1号脚为基极   B. 2号脚为基极   C. 3号脚为基极

4）判断电解电容_____。

A. 有充放电功能   B. 开路   C. 短路

（2）在开关合上及打开的两种情况下，测量电压 U_2、U_C、U_o，电流 I、I_Z、I_o 及四个负载电阻上的电压 U_3、U_4、U_5、U_6，填入下表中（抽选三个参数进行测量）。

开关 S 的状态	U_2	U_C	U_o	I	I_Z	I_o	U_3	U_4	U_5	U_6
合上										
打开										

（3）通过测量结果简述电路的工作原理，说明电压表内阻对测量的影响。

3. 评分表

同上题。

四、单相全波整流、电容滤波、稳压管稳压电路安装和调试（试题代码：3.2.3；考核时间：30 min)

1. 试题单

（1）操作条件

1) 基本印制电路板。

2) 万用表 1 个。

3) 焊接工具 1 套。

4) 相关元器件 1 袋。

5) 变压器 1 台。

（2）操作内容

1) 用万用表测量二极管、三极管和电容，判断好坏。

2) 按单相全波整流、电容滤波、稳压管稳压电路（见图 4—17）的元器件明细表配齐元器件，并检测筛选出技术参数合适的元器件。

3) 按单相全波整流、电容滤波、稳压管稳压电路进行安装。

4) 安装后，通电调试并测量电压 U_2、U_C、U_o 及电流 I、I_Z、I_o。

5) 通过测量结果简述电路的工作原理。

（3）操作要求

1) 根据给出的印制电路板和仪器仪表，完成焊接、调试和测量工作。

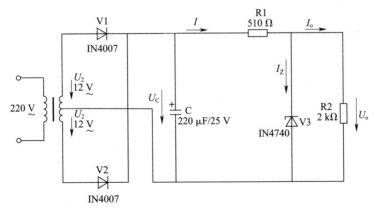

图 4—17　单相全波整流、电容滤波、稳压管稳压电路

2) 调试过程中一般故障自行解决。

3) 焊接完成后，经考评员允许方可通电调试。

4）安全生产，文明操作。未经允许擅自通电，造成设备损坏者，该项目零分。

2. 答题卷

（1）元器件检测

1）判断二极管的好坏_____并选择原因_____。

A. 好　　　　　　　　B. 坏　　　　　　　　C. 正向导通，反向截止

D. 正向导通，反向导通　　　　　　　　　E. 正向截止，反向截止

2）判断三极管的好坏_____。

A. 好　　　　　　　　B. 坏

3）判断三极管的基极_____。

A. 1 号脚为基极　　　B. 2 号脚为基极　　　C. 3 号脚为基极

4）判断电解电容_____。

A. 有充放电功能　　　B. 开路　　　　　　　C. 短路

（2）测量电压 U_2、U_C、U_o 及电流 I、I_Z、I_o，填入下表中（抽选三个参数进行测量）。

U_1	U_2	U_C	U_o	I	I_Z	I_o
220 V						

（3）通过测量结果简述电路的工作原理。

3. 评分表

同上题。

五、负载变化的单相全波整流、电容滤波、稳压管稳压电路安装和调试（试题代码：3.2.4；考核时间：30 min)

1. 试题单

（1）操作条件

1）基本印制电路板。

2）万用表 1 个。

3）焊接工具 1 套。

4）相关元器件 1 袋。

5）变压器 1 台。

（2）操作内容

1）用万用表测量二极管、三极管和电容，判断好坏。

2）按负载变化的单相全波整流、电容滤波、稳压管稳压电路（见图 4—18）元器件明细表配齐元器件，并检测筛选出技术参数合适的元器件。

3）按负载变化的单相全波整流、电容滤波、稳压管稳压电路进行安装。

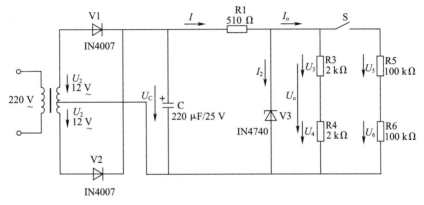

图 4—18　负载变化的单相全波整流、电容滤波、稳压管稳压电路

4）安装后，通电调试并在开关合上及打开的两种情况下，测量电压 U_2、U_C、U_o，电流 I、I_z、I_o 及四个负载电阻上的电压 U_3、U_4、U_5、U_6。

5）通过测量结果简述电路的工作原理，说明电压表内阻对测量的影响。

（3）操作要求

1）根据给出的印制电路板和仪器仪表，完成焊接、调试和测量工作。

2）调试过程中一般故障自行解决。

3）焊接完成后，经考评员允许方可通电调试。

4）安全生产，文明操作。未经允许擅自通电，造成设备损坏者，该项目零分。

2. 答题卷

（1）元器件检测

1）判断二极管的好坏_____并选择原因_____。

A. 好   B. 坏   C. 正向导通，反向截止

D. 正向导通，反向导通   E. 正向截止，反向截止

2）判断三极管的好坏_____。

A. 好   B. 坏

3）判断三极管的基极_____。

A. 1号脚为基极   B. 2号脚为基极   C. 3号脚为基极

4）判断电解电容_____。

A. 有充放电功能   B. 开路   C. 短路

（2）在开关合上及打开的两种情况下，测量电压 U_2、U_C、U_o，电流 I、I_Z、I_o 及四个负载电阻上的电压 U_3、U_4、U_5、U_6，填入下表中（抽选三个参数进行测量）。

开关 S 的状态	U_2	U_C	U_o	I	I_Z	I_o	U_3	U_4	U_5	U_6
合上										
打开										

（3）依据测量结果简述电路的工作原理，说明电压表内阻对测量的影响。

3. 评分表

同上题。

六、单相桥式整流、电容滤波、稳压管稳压电路安装和调试（试题代码：3.2.6；考核时间：30 min）

1. 试题单

（1）操作条件

1）基本印制电路板。

2）万用表1个。

3）焊接工具1套。

4）相关元器件1袋。

5）变压器1台。

（2）操作内容

1）用万用表测量二极管、三极管和电容，判断好坏。

2）按单相桥式整流、电容滤波、稳压管稳压电路（见图4—19）的元器件明细表配齐元器件，并检测筛选出技术参数合适的元器件。

3）按单相桥式整流、电容滤波、稳压管稳压电路进行安装。

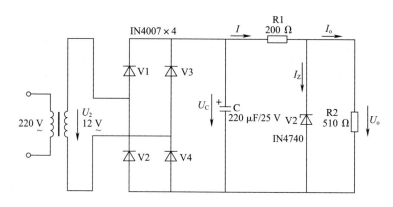

图4—19 单相桥式整流、电容滤波、稳压管稳压电路

4）安装后，通电调试并测量电压 U_2、U_C、U_o 及电流 I、I_Z、I_o。

5）通过测量结果简述电路的工作原理。

（3）操作要求

1）根据给出的印制电路板和仪器仪表，完成焊接、调试和测量工作。

2）调试过程中一般故障自行解决。

3）焊接完成后，经考评员允许方可通电调试。

4）安全生产，文明操作。未经允许擅自通电，造成设备损坏者，该项目零分。

2．答题卷

（1）元器件检测

1）判断二极管的好坏_____并选择原因_____。

A. 好　　　　　　　　B. 坏　　　　　　　　C. 正向导通，反向截止

D. 正向导通，反向导通　　　　　　　　E. 正向截止，反向截止

2）判断三极管的好坏_____。

A. 好　　　　　　　　B. 坏

3）判断三极管的基极_____。

A. 1 号脚为基极　　　B. 2 号脚为基极　　　C. 3 号脚为基极

4）判断电解电容_____。

A. 有充放电功能　　　B. 开路　　　　　　C. 短路

（2）测量电压 U_2、U_C、U_o 及电流 I、I_Z、I_o，填入下表中（抽选三个参数进行测量）。

U_1	U_2	U_C	U_o	I	I_Z	I_o
220 V						

（3）通过测量结果简述电路的工作原理。

3. 评分表

同上题。

七、负载变化的单相桥式整流、电容滤波、稳压管稳压电路安装和调试（试题代码：3.2.7；考核时间：30 min）

1. 试题单

（1）操作条件

1）基本印制电路板。

2）万用表 1 个。

3）焊接工具 1 套。

4）相关元器件 1 袋。

5）变压器 1 台。

（2）操作内容

1）用万用表测量二极管、三极管和电容，判断好坏。

2）按负载变化的单相桥式整流、电容滤波、稳压管稳压电路（见图 4—20）的元器件明细表配齐元器件，并检测筛选出技术参数合适的元器件。

3）按负载变化的单相桥式整流、电容滤波、稳压管稳压电路进行安装。

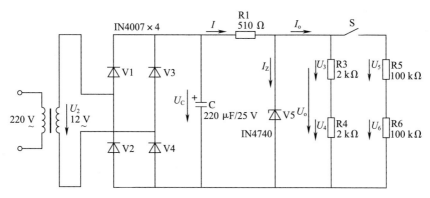

图 4—20　负载变化的单相桥式整流、电容滤波、稳压管稳压电路

4）安装后，通电调试并在开关合上及打开的两种情况下，测量电压 U_2、U_C、U_o，电流 I、I_Z、I_o 及四个负载电阻上的电压 U_3、U_4、U_5、U_6。

5）通过测量结果简述电路的工作原理，说明电压表内阻对测量的影响。

（3）操作要求

1）根据给出的印制电路板和仪器仪表，完成焊接、调试和测量工作。

2）调试过程中一般故障自行解决。

3）焊接完成后，经考评员允许方可通电调试。

4）安全生产，文明操作。未经允许擅自通电，造成设备损坏者，该项目零分。

2. 答题卷

（1）元器件检测

1）判断二极管的好坏_____并选择原因_____。

A. 好　　　　　　　　　B. 坏　　　　　　　　　C. 正向导通，反向截止

D. 正向导通，反向导通　　　　　　　　　　　　E. 正向截止，反向截止

2）判断三极管的好坏_____。

A. 好　　　　　　　　　B. 坏

3）判断三极管的基极_____。

A. 1 号脚为基极　　　　B. 2 号脚为基极　　　　C. 3 号脚为基极

4）判断电解电容_____。

A. 有充放电功能　　　B. 开路　　　　　　　C. 短路

（2）在开关合上及打开的两种情况下，测量电压 U_2、U_C、U_o，电流 I、I_Z、I_o 及四个负载电阻上的电压 U_3、U_4、U_5、U_6，填入下表中（抽选三个参数进行测量）。

开关 S 的状态	U_2	U_C	U_o	I	I_Z	I_o	U_3	U_4	U_5	U_6
合上										
打开										

（3）通过测量结果简述电路的工作原理，说明电压表内阻对测量的影响。

3. 评分表

同上题。

八、单相桥式整流、RC 滤波电路安装和调试（试题代码：3.2.8；考核时间：30 min）

1. 试题单

（1）操作条件

1）基本印制电路板。

2）万用表 1 个。

3）焊接工具 1 套。

4）相关元器件 1 袋。

5）变压器 1 台。

（2）操作内容

1）用万用表测量二极管、三极管和电容，判断好坏。

2）按单相桥式整流、RC 滤波电路（见图 4—21）的元器件明细表配齐元器件，并检测筛选出技术参数合适的元器件。

3）按单相桥式整流、RC 滤波电路进行安装。

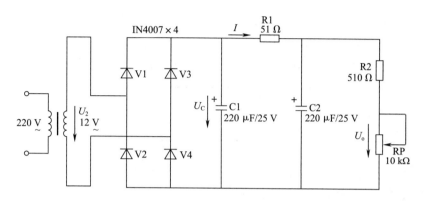

图 4—21　单相桥式整流、RC 滤波电路

4）安装后，通电调试并测量电路的外特性，通过测量结果说明电路为什么有这样的外特性。

5）把输出电流调到 8 mA，测量在断开一个二极管、断开滤波电容、断开一个二极管及滤波电容情况下的输出电压，通过测量结果说明为什么有这样的故障现象。

（3）操作要求

1）根据给出的印制电路板和仪器仪表，完成焊接、调试和测量工作。

2）调试过程中一般故障自行解决。

3）焊接完成后，经考评员允许方可通电调试。

4）安全生产，文明操作。未经允许擅自通电，造成设备损坏者，该项目零分。

2. 答题卷

（1）元器件检测

1）判断二极管的好坏_____并选择原因_____。

A. 好　　　　　　　　　　　　B. 坏　　　　　　　　　　　　C. 正向导通，反向截止

D. 正向导通，反向导通　　　　　　　　　　　　　　　E. 正向截止，反向截止

2）判断二极管的好坏_____。

A. 好   B. 坏

3）判断三极管的基极_____。

A. 1 号脚为基极   B. 2 号脚为基极   C. 3 号脚为基极

4）判断电解电容_____。

A. 有充放电功能   B. 开路   C. 短路

（2）测量电路的外特性并填入表中，通过测量结果说明电路为什么有这样的外特性。

输出电流（mA）	2	4	6	8	10
输出电压（V）					

（3）把输出电流调到 8 mA，测量在下列各种故障情况下的输出电压，通过测量结果说明为什么有这样的故障现象（抽选 1 个故障点）。

故障点	输出电压
断开一个二极管	
断开滤波电容	
断开一个二极管及滤波电容	

3. 评分表

试题代码及名称			3.2.8 单相桥式整流、RC 滤波电路安装和调试	考核时间					30 min	
评价要素	配分（分）	等级	评分细则	评定等级					得分（分）	
				A	B	C	D	E		
否决项			未经允许擅自通电，造成设备损坏者，该项目零分							
1　元器件检测	5	A	全对							
		B	错 1 项							
		C	错 2 项							
		D	错 3 项及以上							
		E	未答题							

续表

试题代码及名称			3.2.8 单相桥式整流、RC 滤波电路安装和调试		考核时间					30 min
评价要素		配分（分）	等级	评分细则	评定等级					得分（分）
					A	B	C	D	E	
2	按电路图焊接	3	A	焊接元器件正确无误，且焊点齐全、光洁、无毛刺、无虚焊						
			B	焊接元器件有错，能自行修正，且无毛刺、无虚焊						
			C	焊接元器件有错，能自行修正，焊接质量差，有毛刺、有虚焊						
			D	焊接元器件经自行修正还有错						
			E	未答题						
3	万用表使用	6	A	正确使用万用表测量和读数						
			B	测量和读数错 1～2 个						
			C	测量和读数错 3～4 个						
			D	测量和读数错 5 个及以上						
			E	未答题						
4	通电调试	4	A	通电调试完全正确						
			B	通电调试错 1 次						
			C	通电调试错 2 次						
			D	通电调试错 3 次及以上						
			E	未答题						
5	电路工作原理分析	5	A	外特性和故障现象分析完全正确						
			B	外特性和故障现象分析不够完整						
			C	外特性或故障现象分析有 1～2 处错误						
			D	外特性或故障现象分析有 3 处及以上错误						
			E	未答题						

续表

试题代码及名称			3.2.8单相桥式整流、RC滤波电路安装和调试		考核时间				30 min	
评价要素		配分（分）	等级	评分细则	评定等级					得分（分）
					A	B	C	D	E	
6	安全文明生产，无事故发生	2	A	安全文明生产，操作符合规程						
			B	操作过程中损坏元器件1～2个						
			C	操作过程中损坏元器件3个及以上						
			D	不能安全文明生产，不符合操作规程						
			E	未答题						
合计配分		25		合 计 得 分						

等级	A（优）	B（良）	C（及格）	D（较差）	E（差或未答题）
比值	1.0	0.8	0.6	0.2	0

"评价要素"得分＝配分×等级比值。

九、镍铬电池充电器电路安装和调试（试题代码：3.2.9；考核时间：30 min）

1. 试题单

（1）操作条件

1）基本印制电路板。

2）万用表1个。

3）焊接工具1套。

4）相关元器件1袋。

5）变压器1台。

（2）操作内容

1）用万用表测量二极管、三极管和电容，判断好坏。

2）按镍铬电池充电器电路（见图4—22）的元器件明细表配齐元器件，并检测筛选出技术参数合适的元器件。

3）按镍铬电池充电器电路进行安装。

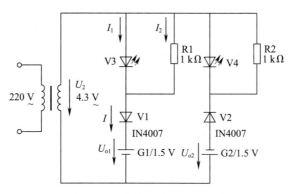

图 4—22　镍铬电池充电器电路

4）安装后，通电调试并测量变压器二次电压 U_2、电池两端电压 U_{o1}、电池充电电流 I、发光二极管电流 I_1 及电阻电流 I_2。

5）通过测量结果简述电路的工作原理。

（3）操作要求

1）根据给出的印制电路板和仪器仪表，完成焊接、调试和测量工作。

2）调试过程中一般故障自行解决。

3）焊接完成后，经考评员允许方可通电调试。

4）安全生产，文明操作。未经允许擅自通电，造成设备损坏者，该项目零分。

2. 答题卷

（1）元器件检测

1）判断二极管的好坏_____并选择原因_____。

A. 好　　　　　　　　　　B. 坏　　　　　　　　　　C. 正向导通，反向截止

D. 正向导通，反向导通　　　　　　　　　　E. 正向截止，反向截止

2）判断三极管的好坏_____。

A. 好　　　　　　　　　　B. 坏

3）判断三极管的基极_____。

A. 1 号脚为基极　　　　B. 2 号脚为基极　　　　C. 3 号脚为基极

4）判断电解电容_____。

A. 有充放电功能   B. 开路   C. 短路

（2）测量变压器二次电压 U_2、电池两端电压 U_{o1}、电池充电电流 I、发光二极管电流 I_1 及电阻电流 I_2，填入下表中（抽选三个参数进行测量）。

U_2	U_{o1}	I	I_1	I_2

（3）通过测量结果简述电路的工作原理。

3. 评分表

试题代码及名称			3.2.9 镍铬电池充电器电路安装和调试		考核时间				30 min	
评价要素	配分（分）	等级	评分细则	评定等级					得分（分）	
				A	B	C	D	E		
否决项			未经允许擅自通电，造成设备损坏者，该项目零分							
1 元器件检测	5	A	全对							
		B	错 1 项							
		C	错 2 项							
		D	错 3 项及以上							
		E	未答题							
2 按电路图焊接	3	A	焊接元器件正确无误，且焊点齐全、光洁、无毛刺、无虚焊							
		B	焊接元器件有错，能自行修正，且无毛刺、无虚焊							
		C	焊接元器件有错，能自行修正，焊接质量差，有毛刺、有虚焊							
		D	焊接元器件经自行修正还有错							
		E	未答题							

续表

试题代码及名称			3.2.9镍铬电池充电器电路安装和调试		考核时间				30 min	
评价要素	配分（分）	等级	评分细则	评定等级					得分（分）	
				A	B	C	D	E		
3	万用表使用	6	A	正确使用万用表测量和读数						
			B	测量和读数错1～2个						
			C	测量和读数错3～4						
			D	测量和读数错5个以上						
			E	未答题						
4	通电调试	4	A	通电调试完全正确						
			B	通电调试错1次						
			C	通电调试错2次						
			D	通电调试错3次及以上						
			E	未答题						
5	电路工作原理分析	5	A	工作原理分析完全正确						
			B	工作原理分析不够完整						
			C	工作原理分析有1～2处错误						
			D	工作原理分析有3处及以上错误						
			E	未答题						
6	安全文明生产，无事故发生	2	A	安全文明生产，操作符合规程						
			B	操作过程中损坏元器件1～2个						
			C	操作过程中损坏元器件3个及以上						
			D	不能安全文明生产，不符合操作规程						
			E	未答题						
合计配分	25		合 计 得 分							

等级	A（优）	B（良）	C（及格）	D（较差）	E（差或未答题）
比值	1.0	0.8	0.6	0.2	0

"评价要素"得分＝配分×等级比值。

第5部分

理论知识考试模拟试卷及答案

电工（五级）理论知识试卷

注 意 事 项

1. 考试时间：90 min。

2. 请首先按要求在试卷的标封处填写您的姓名、准考证号和所在单位的名称。

3. 请仔细阅读各种题目的答题要求，并在规定的位置填写您的答案。

4. 不要在试卷上乱写乱画，不要在标封区填写无关的内容。

	一	二	总分
得分			

得分	
评分人	

一、判断题（第1题～第60题。将判断结果填入括号中。正确的填"√"，错误的填"×"。每题0.5分，满分30分）

1. 若将一段电阻值为 R 的导线均匀拉长至原来的2倍，则其电阻值为 $2R$。　　（　　）

2. 将4个0.5 W、100 Ω的电阻分为2组，分别并联后再2组串联连接，可以构成1个1 W、100 Ω的电阻。　　（　　）

3. 正电荷定向移动的方向是电流的方向。　　　　　　　　　　　　　　　　（　　）

4. 电路中某点的电位与参考点的选择无关。　　　　　　　　　　　　　　　（　　）

5. 电路中某个节点的电位就是该点的电压。　　　　　　　　　　　　　　　（　　）

6. 1.4 Ω 的电阻接在内阻为 0.2 Ω、电动势为 1.6 V 的电源两端，内阻上通过的电流是 1.4 A。　　　　　　　　　　　　　　　　　　　　　　　　　　　　　　　（　　）

7. 根据物质磁导率的大小可以把物质分为逆磁物质、顺磁物质和铁磁物质。　（　　）

8. 匀强磁场中各点磁感应强度的大小与介质的性质无关。　　　　　　　　　（　　）

9. 通电直导体在磁场中受力的方向应按左手定则确定。　　　　　　　　　　（　　）

10. 通电导体在与磁力线平行位置时，受的力最大。　　　　　　　　　　　　（　　）

11. 正弦交流电的三要素是指最大值、角频率、初相位。　　　　　　　　　　（　　）

12. 若一个正弦交流电比另一个正弦交流电提前到达正的峰值，则前者比后者滞后。
　　　　　　　　　　　　　　　　　　　　　　　　　　　　　　　　　　（　　）

13. 用三角函数可以表示正弦交流电有效值的变化规律。　　　　　　　　　　（　　）

14. RLC 串联电路中，总电压的瞬时值时刻都等于各元器件上电压瞬时值之和，总电压的有效值总会大于各元器件上电压有效值。　　　　　　　　　　　　　　　　（　　）

15. 移动式电动工具用的电源线应选用通用橡套电缆。　　　　　　　　　　　（　　）

16. 铝镍钴合金是硬磁材料，可用来制造各种永久磁铁。　　　　　　　　　　（　　）

17. 停电检修设备没有做好安全措施前应认为有电。　　　　　　　　　　　　（　　）

18. 带电作业应由经过培训、考试合格的持证电工单独进行。　　　　　　　　（　　）

19. 低压熔断器在低压配电设备中主要用于过载保护。　　　　　　　　　　　（　　）

20. 熔断器是将低熔点、易熔断、导电性能良好的合金金属丝或金属片串联在被保护的电路中，从而达到保护功能。　　　　　　　　　　　　　　　　　　　　　　　（　　）

21. 熔断器的额定电压必须大于等于所接电路的额定电压。　　　　　　　　　（　　）

22. 螺旋式熔断器在电路中的正确装接方法是电源线应接到熔断器上接线座，负载线应接到下接线座。　　　　　　　　　　　　　　　　　　　　　　　　　　　　　（　　）

23. 接触器按电磁线圈励磁方式不同，可以分为直流励磁方式与交流励磁方式。（　　）

24. 交流接触器铭牌上的额定电流是指主触头和辅助触头的额定电流。　　　　（　　）

25. 交流接触器铁芯上装短路环的作用是减小铁芯的振动和噪声。（　）

26. 交流接触器的额定电流应根据被控制电路中电流的大小和使用类别来选择。（　）

27. 由于线圈通过的是直流电，直流接触器存在涡流的影响，所以直流接触器的铁芯和衔铁用整块铸钢或钢板制成。（　）

28. 中间继电器的触头有主辅之分。（　）

29. 行程开关、万能转换开关、接近开关、断路器、按钮等属于主令电器。（　）

30. 行程开关应根据动作要求和触头数量来选择。（　）

31. 变压器是利用电磁感应原理制成的一种静止的交流电磁设备。（　）

32. 电力变压器主要用于供配电系统。（　）

33. 变压器型号为 S7-500/10，其中 500 代表额定容量为 500 V·A。（　）

34. 对三相变压器来说，额定电压是指相电压。（　）

35. 自耦变压器实质上就是用改变绕组抽头的方法来调节电压的一种单绕组变压器。（　）

36. 自耦变压器一次、二次绕组间具有电的联系，所以接到低压侧的设备均要求按高压侧的高压绝缘。（　）

37. 三相异步电动机按转子的结构形式分为单相和三相两类。（　）

38. 三相异步电动机由铁芯和线圈两部分组成。（　）

39. 三相异步电动机的额定功率是指在额定运行的情况下，从轴上输出的机械功率。（　）

40. 三相异步电动机额定电压是指其在额定工作状况运行时，输入电动机定子三相绕组的线电压。（　）

41. 錾削铜、铝等软材料时，楔角取 $30° \sim 50°$。（　）

42. 锯割工件时，起锯方式有远起锯和近起锯两种，一般情况下采用远起锯较好。（　）

43. 电气图包括电路图、功能表图、系统图、框图、元器件位置图等。（　）

44. 电气图上各直流电源应标出电压值、极性。（　）

45. 40 W 以下的白炽灯通常在玻璃泡内充有氩气。（　）

46. 荧光灯镇流器的功率必须与灯管、辉光启动器的功率相符。（　）

47. 三相笼型异步电动机的启动方式只有全压启动一种。　　　　　　（　　）

48. 用倒顺开关控制电动机正反转时，可以把手柄从"顺"的位置直接扳至"倒"的位置。　　　　　　　　　　　　　　　　　　　　　　　　　　　　（　　）

49. 要求一台电动机启动后另一台电动机才能启动的控制方式称为顺序控制。（　　）

50. 将多个启动按钮串联，才能达到多地启动电动机的控制要求。　　　（　　）

51. 半导体中的载流子只有自由电子。　　　　　　　　　　　　　　　（　　）

52. PN 结又可以称为耗尽层。　　　　　　　　　　　　　　　　　　（　　）

53. 晶体二极管按结构可以分为点接触型和面接触型。　　　　　　　　（　　）

54. 晶体二极管反向偏置是指阳极接高电位、阴极接低电位。　　　　　（　　）

55. 指示仪表按工作原理可以分为磁电系、电动系、整流系、感应系四种。

（　　）

56. 用一个 1.5 级、500 V 的电压表测量电压时，读数为 200 V，则其可能的最大误差为 ± 3 V。　　　　　　　　　　　　　　　　　　　　　　　　　（　　）

57. 指示仪表中，和偏转角成正比的力矩是反作用力矩。　　　　　　　（　　）

58. 磁电系仪表只能测量交流。　　　　　　　　　　　　　　　　　　（　　）

59. 测量直流电流时，电流表应该串联在被测电路中，电流应从"－"端流入。（　　）

60. 测量直流电压时，除了使电压表与被测电路并联外，还应使电压表的"＋"端与被测电路的高电位端相连。　　　　　　　　　　　　　　　　　　　　（　　）

得分	
评分人	

二、单项选择题（第 1 题～第 70 题。选择一个正确的答案，将相应的字母填入题内的括号中。每题 1 分，满分 70 分）

1. $\sum IR = \sum E$ 适用于（　　　）。

　　A. 复杂电路　　　B. 简单电路　　　C. 有电源的回路　　　D. 任何闭合回路

2. 基尔霍夫电流定律的形式为（　　　），适用于节点和闭合曲面。

　　A. $\sum IR = 0$　　　B. $\sum IR = \sum E$　　　C. $\sum I = 0$　　　D. $\sum E = 0$

3. 用电多少通常用"度"来做单位，它是表示（　　　）的物理量。

A. 电功　　　　B. 电功率　　　　C. 电压　　　　D. 热量

4. 两个 100 W、220 V 的灯泡串联在 220 V 电源上，每个灯泡的实际功率是（　　）W。

A. 220　　　　B. 100　　　　C. 50　　　　D. 25

5. 电源电动势是（　　）。

A. 电压

B. 外力将单位正电荷从电源负极移动到电源正极所做的功

C. 衡量电场力做功本领大小的物理量

D. 电源两端电压的大小

6. 当导体在磁场里沿磁力线方向运动时，产生的感应电动势（　　）。

A. 最大　　　　B. 较大　　　　C. 为 0　　　　D. 较小

7. 两个极性相同的条形磁铁相互靠近时（　　）。

A. 相互吸引　　　　　　　　B. 相互排斥

C. 互不影响　　　　　　　　D. 有时吸引，有时排斥

8. 磁力线在（　　）是从 N 极出发到 S 极终止。

A. 任何空间　　B. 磁体内部　　C. 磁体外部　　D. 磁体两端

9. 三相对称负载星形联结时，线电压与相电压的相位关系是（　　）。

A. 相电压超前于线电压 30°　　　　B. 线电压超前于相电压 30°

C. 线电压超前于相电压 120°　　　　D. 相电压超前于线电压 120°

10. 在三相供电系统中，相电压与线电压的关系是（　　）。

A. 线电压＝$\sqrt{3}$相电压　　　　B. 相电压＝$\sqrt{3}$线电压

C. 线电压＝$\sqrt{2}$相电压　　　　D. 相电压＝$\sqrt{2}$线电压

11. 三相交流电通到电动机的三相对称绕组中产生（　　），是电动机旋转的根本原因。

A. 脉动磁场　　　　　　　　B. 旋转磁场

C. 恒定磁场　　　　　　　　D. 合成磁场

12. （　　）是反映电路对电源输送功率的利用率。

A. 无功功率　　B. 有功功率　　C. 视在功率　　D. 功率因数

13. 正弦交流电 $i = 10\sqrt{2}\sin\omega t$ 的最大值约为（　　）A。

A. 10　　　　　B. 20　　　　　C. 14　　　　　D. 15

14. 通常把正弦交流电每秒变化的电角度称为（　　　）。

A. 角度　　　　B. 频率　　　　C. 弧度　　　　　D. 角频率

15. 用作导电材料的金属通常要求具有较好的导电性能、（　　　）和焊接性能。

A. 力学性能　　　B. 化学性能　　　C. 物理性能　　　D. 工艺性能

16. 上海地区低压公用电网的配电系统采用（　　　）系统。

A. TT　　　　　B. TN　　　　　C. IT　　　　　D. TN-S

17. 用于（　　　）电路的电器称为低压电器。

A. 交流 50 Hz 或 60 Hz、额定电压 1 200 V 以下，及直流额定电压 1 500 V 以下

B. 交直流电压 1 200 V 以下

C. 交直流电压 500 V 以下

D. 交直流电压 3 000 V 以下

18. 刀开关主要用于（　　　）。

A. 隔离电源

B. 隔离电源和不频繁接通与分断的电路

C. 隔离电源和频繁接通与分断的电路

D. 频繁接通与分断的电路

19. 熔断器式刀开关适用于（　　　）的电源开关。

A. 控制电路　　　　　　　　B. 配电线路

C. 直接通断电动机　　　　　D. 主令开关

20. 胶盖瓷底刀开关在电路中正确的装接方法是（　　　）。

A. 电源进线接在静插座上，用电设备接在刀开关下面熔丝的出线端

B. 用电设备接在静插座上，电源进线接在刀开关下面熔丝的出线端

C. 没有固定规律，可以随意连线

D. 电源进线接刀开关体，用电设备接在刀开关下面熔丝的出线端

21. 低压断路器是一种既有手动开关，又能自动进行（　　　）的低压电器。

A. 欠电压、过载和短路保护　　　B. 欠电压、失电压、过载和短路保护

C. 失电压、过载和短路保护　　　　　D. 失电压、过载保护

22. 电流继电器线圈的特点是（　　），只有这样线圈功耗才小。

　　A. 匝数多、导线细、阻抗小　　　　B. 匝数少、导线粗、阻抗大

　　C. 匝数少、导线粗、阻抗小　　　　D. 匝数多、导线细、阻抗大

23. 电流继电器线圈的正确接法是（　　）。

　　A. 串联在被测量的电路中　　　　　B. 并联在被测量的电路中

　　C. 串联在控制回路中　　　　　　　D. 并联在控制回路中

24. 过电压继电器正常工作时，线圈在额定电压范围内，电磁机构的衔铁（　　）。

　　A. 吸合，常闭触头断开　　　　　　B. 不吸合，常闭触头断开

　　C. 吸合，常闭触头恢复闭合　　　　D. 不吸合，触头也不动作，维持常态

25. 过电压继电器的电压释放值（　　）吸合动作值。

　　A. 小于　　　　B. 大于　　　　　　C. 等于　　　　　D. 大于等于

26. 速度继电器主要由（　　）等部分组成。

　　A. 定子、转子、端盖、机座

　　B. 电磁机构、触头系统、灭弧装置、其他附件

　　C. 定子、转子、端盖、可动支架、触头系统

　　D. 电磁机构、触头系统、其他附件

27. 在反接制动中，速度继电器（　　），触头接在控制电路中。

　　A. 线圈串联在电动机主电路中　　　B. 线圈串联在电动机控制电路中

　　C. 转子与电动机同轴连接　　　　　D. 转子与电动机不同轴连接

28. 电阻器适用于长期工作制、短时工作制、（　　）三种工作制。

　　A. 临时工作制　　　　　　　　　　B. 反复长期工作制

　　C. 反复短时工作制　　　　　　　　D. 反复工作制

29. 频敏变阻器主要用于（　　）控制。

　　A. 笼型转子异步电动机的启动　　　B. 绕线转子异步电动机的调速

　　C. 直流电动机的启动　　　　　　　D. 绕线转子异步电动机的启动

30. 绕线转子异步电动机在转子回路中串入频敏变阻器启动，频敏变阻器的特点是阻值

随转速上升而自动、（　　），使电动机平稳启动。

    A. 平滑地增大   B. 平滑地减小

    C. 分为数级逐渐增大   D. 分为数级逐渐减小

31. 变压器根据器身结构可分为铁芯式和（　　）两大类。

    A. 长方式   B. 正方式

    C. 铁壳式   D. 铁骨式

32. 为了便于绕组与铁芯绝缘，变压器的同心式绕组要把（　　）。

    A. 高压绕组放在里面

    B. 低压绕组放在里面

    C. 高压、低压绕组交替放置

    D. 高压绕组放置在上层，低压绕组放置在下层

33. 同名端表示两个绕组瞬时极性间的相对关系，瞬时极性是随时间而变化的，但它们的相对极性（　　）。

    A. 瞬时变化   B. 缓慢变化   C. 不变   D. 可能变化

34. 电流互感器可以把（　　）供测量用。

    A. 高电压转换为低电压   B. 大电流转换为小电流

    C. 高阻抗转换为低阻抗   D. 小电流转换为大电流

35. 测量交流电路的大电流时，通常电流互感器与（　　）配合使用。

    A. 电压表   B. 功率表   C. 电流表   D. 转速表

36. 三相异步电动机旋转磁场的转向是由（　　）决定的。

    A. 频率   B. 极数   C. 电压大小   D. 电源相序

37. 三相异步电动机的转速取决于极对数、转差率和（　　）。

    A. 电源频率   B. 电源相序   C. 电源电流   D. 电源电压

38. 交流异步电动机的启动分直接启动和（　　）启动两类。

    A. Y/△   B. 串变阻器   C. 减压   D. 变极

39. 自耦变压器减压启动器以 80% 的抽头减压启动时，三相电动机的启动电流是全压启动电流的（　　）。

A. 36%　　　　B. 64%　　　　C. 70%　　　　D. 80%

40. 交流异步电动机 Y/△启动是（　　）启动的一种方式。

　　A. 直接　　　　B. 减压　　　　C. 变速　　　　D. 变频

41. 划线时，划线基准应尽量和（　　）一致。

　　A. 测量基准　　B. 加工基准　　C. 设计基准　　D. 基准

42. 麻花钻头（　　）的大小决定着切削材料的难易程度和切屑在前面上的摩擦阻力。

　　A. 后角　　　　B. 前角　　　　C. 横刃　　　　D. 横刃斜角

43. 钎焊钢件应使用的焊剂是（　　）。

　　A. 松香　　　　　　　　　　B. 松香酒精溶液

　　C. 焊膏　　　　　　　　　　D. 盐酸

44. 弯曲直径大、壁薄的钢管前，应（　　）。

　　A. 在管内灌满水　　　　　　B. 在管内灌满、灌实沙子

　　C. 把管子加热烧红　　　　　D. 用橡胶锤敲弯

45. 按国家标准绘制的图形符号通常含有（　　）。

　　A. 文字符号、一般符号、电气符号

　　B. 符号要素、一般符号、限定符号

　　C. 要素符号、概念符号、文字符号

　　D. 方位符号、规定符号、文字符号

46. 节能灯的工作原理是（　　）。

　　A. 电流的磁效应　　　　　　B. 电磁感应

　　C. 氩原子的碰撞　　　　　　D. 电流的光效应

47. 碘钨灯工作时，灯管表面温度很高，因此规定灯架距离可燃建筑面的净距离不得小于（　　）m。

　　A. 1　　　　　B. 2.5　　　　C. 6　　　　　D. 10

48. 工厂车间的桥式起重机需要位置控制，桥式起重机两头的终点处各安装一个位置开关，两个位置开关要分别（　　）在正转和反转控制回路中。

　　A. 串联　　　　B. 并联　　　　C. 混联　　　　D. 短接

49. 自动往返控制线路需要对电动机实现自动转换的（　　）控制。

　　A. 自锁　　　　　B. 点动　　　　　C. 联锁　　　　　D. 正反转

50. 三相笼型异步电动机可以采用定子串电阻减压启动，但由于它的主要缺点是（　　），所以很少采用此方法。

　　A. 产生的启动转矩太大　　　　　　　B. 产生的启动转矩太小

　　C. 启动电流过大　　　　　　　　　　D. 启动电流在电阻上产生的热损耗过大

51. 自耦减压启动器以 80% 的抽头减压启动时，三相电动机的启动转矩是全压启动转矩的（　　）。

　　A. 36%　　　　　B. 64%　　　　　C. 70%　　　　　D. 81%

52. 小电流硅二极管的死区电压约为 0.5 V，正向压降约为（　　）V。

　　A. 0.4　　　　　B. 0.5　　　　　C. 0.6　　　　　D. 0.7

53. 用指针式万用表测量晶体二极管的反向电阻时，应该（　　）。

　　A. 用 $R \times 1$ 挡，黑表棒接阴极，红表棒接阳极

　　B. 用 $R \times 10$ k 挡，黑表棒接阴极，红表棒接阳极

　　C. 用 $R \times 1$ k 挡，红表棒接阴极，黑表棒接阳极

　　D. 用 $R \times 1$ k 挡，黑表棒接阴极，红表棒接阳极

54. 稳压管工作于反向击穿状态时，必须（　　）才能正常工作。

　　A. 反向偏置　　　B. 正向偏置　　　C. 串联限流电阻　　　D. 并联限流电阻

55. 各种型号的晶体管中，（　　）是稳压管。

　　A. 2AP1　　　　　B. 2CW54　　　　C. 2CK84　　　　D. 2CZ50

56. 光敏二极管工作时，应加上（　　）。

　　A. 正向电压　　　B. 反向电压　　　C. 限流电阻　　　D. 三极管

57. 发光二极管（　　）取决于制作二极管的材料。

　　A. 产生的暗电流　　　　　　　　　　B. 稳定的电压

　　C. 发出的颜色　　　　　　　　　　　D. 电流的大小

58. 晶体三极管（　　）有 2 个。

　　A. 内部的半导体层　　　　　　　　　B. 外部的电极

C. 内部的 PN 结　　　　　　　　D. 种类

59. 晶体三极管电流放大的偏置条件是（　　）。

  A. 发射结反偏、集电结反偏　　　B. 发射结反偏、集电结正偏

  C. 发射结正偏、集电结反偏　　　D. 发射结正偏、集电结正偏

60. 晶体三极管的输出特性是指三极管在输入电流为（　　）时，输出端的电流与电压之间的关系。

  A. 某一常数　　　B. 某一变量　　　C. 任意数值　　　　D. 随输出而线性变化

61. 一个万用表的表头采用 20 μA 的磁电系微安表，直流电压挡的每伏欧姆数为（　　）kΩ。

  A. 10　　　　　　B. 20　　　　　　C. 50　　　　　　D. 200

62. 电动系仪表的两个线圈分别接电压和电流时，可做成（　　）。

  A. 电压表　　　B. 电流表　　　C. 功率表　　　　D. 电能表

63. 测量单相功率时，功率表电压与电流线圈的"＊"端（　　）。

  A. 连接在一起接到负载侧

  B. 不连接在一起，分别接到电源侧和负载侧

  C. 连接在一起接到电源侧

  D. 不连接在一起，分别接到负载两侧

64. 关于功率表，以下说法（　　）是正确的。

  A. 功率表在使用时，功率不允许超过量程范围

  B. 电压线圈前接法适用于低电压、大电流负载

  C. 功率表的读数是电压有效值、电流有效值（它们的正方向都是从"＊"端指向另一端）及两者相位差余弦的乘积

  D. 功率表的读数是电压有效值、电流有效值的乘积

65. 关于低功率因数功率表的表述中，（　　）是错误的。

  A. 低功率因数功率表的功率因数分为 0.1 与 0.2 两种

  B. 低功率因数功率表的满偏值是电流量程与电压量程的乘积

  C. 低功率因数功率表特别适宜于测量低功率因数的负载功率

D. 低功率因数功率表是电动系仪表

66. 单相电能表的可动铝盘的（　　）与负载的功率成正比。

　　A. 转角　　　　　　B. 转速　　　　　　C. 偏转角　　　　　　D. 反作用力矩

67. （　　）用于测量某一固定频率的交流电能。

　　A. 电磁系仪表　　B. 磁电系仪表　　C. 电动系仪表　　　D. 感应系仪表

68. 测量（　　）通常使用 2 个或 3 个单相功率表。

　　A. 三相功率　　B. 单相功率　　C. 三相电能　　　D. 单相电能

69. 电能表经过电流互感器接线时，实际的耗电量应是读数（　　）。

　　A. 乘以电流互感器一次绕组的额定电流

　　B. 乘以电流互感器二次绕组的额定电流

　　C. 本身

　　D. 乘以电流互感器的变比

70. 兆欧表采用磁电系（　　）作为测量机构。

　　A. 电流表　　　　B. 功率表　　　　C. 比率表　　　　D. 电压表

电工（五级）理论知识试卷答案

一、判断题

1. ×	2. √	3. √	4. ×	5. ×	6. ×	7. √	8. ×	9. √
10. ×	11. √	12. ×	13. ×	14. ×	15. √	16. √	17. √	18. ×
19. ×	20. √	21. √	22. ×	23. √	24. ×	25. √	26. √	27. ×
28. ×	29. ×	30. √	31. √	32. √	33. √	34. √	35. √	36. √
37. ×	38. ×	39. √	40. √	41. √	42. ×	43. √	44. √	45. ×
46. √	47. ×	48. √	49. √	50. ×	51. ×	52. √	53. √	54. ×
55. ×	56. ×	57. √	58. ×	59. ×	60. √			

二、单项选择题

1. D	2. C	3. A	4. D	5. B	6. C	7. B	8. C	9. B
10. A	11. B	12. D	13. C	14. D	15. A	16. A	17. A	18. B
19. B	20. A	21. B	22. C	23. A	24. D	25. A	26. C	27. C
28. C	29. D	30. B	31. C	32. B	33. C	34. B	35. C	36. D
37. A	38. C	39. B	40. B	41. C	42. B	43. D	44. B	45. B
46. C	47. C	48. A	49. D	50. D	51. B	52. D	53. D	54. C
55. B	56. B	57. C	58. C	59. C	60. A	61. C	62. C	63. C
64. C	65. B	66. B	67. D	68. A	69. D	70. C		

第6部分

操作技能考核模拟试卷

注 意 事 项

1. 考生根据操作技能考核通知单中所列的试题做好考核准备。

2. 请考生仔细阅读试题单中具体考核内容和要求，并按要求完成操作、笔答或口答。若有笔答，请考生在答题卷上完成。

3. 操作技能考核时要遵守考场纪律，服从考场管理人员指挥，以保证考核安全顺利进行。

注：操作技能鉴定试题评分表及答案是考评员对考生考核过程及考核结果的评分记录表，也是评分依据。

国家职业资格鉴定

电工（五级）操作技能考核通知单

姓名：

准考证号：

考核日期：

试题1

试题代码：1.1.1。

试题名称：动力电气线路敷设。

考核时间：30 min。

配分：15 分。

试题 2

试题代码：1.3.2。

试题名称：三相异步电动机正反转控制电路安装和调试。

考核时间：60 min。

配分：25 分。

试题 3

试题代码：2.2.1。

试题名称：荧光灯照明电路故障分析和排除。

考核时间：30 min。

配分：10 分。

试题 4

试题代码：2.3.4。

试题名称：三相异步电动机连续运行与点动控制电路故障分析和排除。

考核时间：30 min。

配分：25 分。

试题 5

试题代码：3.2.5。

试题名称：单相桥式整流、电容滤波电路安装和调试。

考核时间：30 min。

配分：25 分。

电工（五级）操作技能鉴定

试 题 单

试题代码：1.1.1。

试题名称：动力电气线路敷设。

考核时间：30 min。

1. 操作条件

（1）线路敷设鉴定板1块（不小于1 200 mm×600 mm）。

（2）封闭式负荷开关（HH4-15型负荷开关）1个。

（3）电线钢管（G20）、弯头、塑料绝缘电线（BVR型，1.5 mm²）、金属蛇皮管（φ20）及附件1套。

（4）接线盒1个，骑马夹、木护圈、螺钉、绝缘胶带、穿线用钢丝等。

（5）0.37 kW三相异步电动机1台。

（6）电工工具1套。

2. 操作内容

（1）按安装平面图（见图6—1）选择合适的材料敷设及安装用封闭式负荷开关直接控制三相电动机线路。

（2）按安装平面图在鉴定板上进行钢管暗线安装，钢管固定应紧固、规范，走线应合理，不能架空。

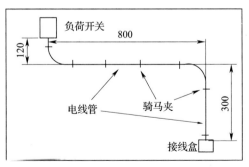

图6—1 动力电气线路安装平面图

（3）电线管终端连到接线盒，电动机与接线盒之间用金属蛇皮管连接，金属蛇皮管长度不小于 1.5 m。蛇皮管两端用螺母固定，不能松动，与接线盒连接处应用骑马夹固定在鉴定板上。电动机外壳应接地，封闭式负荷开关进线可用带插头的四芯橡胶线接到电源上。

（4）通电调试。

（5）画出用封闭式负荷开关直接控制三相电动机线路的电气原理图。

3. 操作要求

（1）按要求进行安装连接，不要漏接或错接。

（2）安装、接线完毕，经考评员允许方可通电调试。

（3）安全生产，文明操作。未经允许擅自通电，造成设备损坏者，该项目零分。

电工（五级）操作技能鉴定

答　题　卷

考生姓名：　　　　　　　　　　准考证号：

试题代码：1.1.1。

试题名称：动力电气线路敷设。

考核时间：30 min。

电气原理图：

电工（五级）操作技能鉴定

试题评分表

考生姓名： 准考证号：

试题代码及名称				1.1.1 动力电气线路敷设	考核时间				30 min	
评价要素		配分（分）	等级	评分细则	评定等级					得分（分）
					A	B	C	D	E	
否决项				未经允许擅自通电，造成设备损坏者，该项目零分						
1	根据要求画出电气原理图	3	A	接线图、符号、材料型号、规格标示完全正确						
			B	接线图、符号、材料型号、规格标示错1处						
			C	接线图、符号、材料型号、规格标示错2处						
			D	接线图、符号、材料型号、规格标示错3处及以上						
			E	未答题						
2	根据要求进行线路敷设及安装	6	A	线路敷设、接线规范，步骤完全正确						
			B	不符合敷设、接线规范1～2处						
			C	不符合敷设、接线规范3～4处						
			D	不符合敷设、接线规范5处及以上						
			E	未答题						
3	通电调试	4	A	通电调试结果完全正确						
			B	通电调试失败1次，结果正确						
			C	通电调试失败2次，结果正确						
			D	通电调试失败						
			E	未答题						

续表

试题代码及名称			1.1.1 动力电气线路敷设	考核时间					30 min
评价要素	配分（分）	等级	评分细则	评定等级					得分（分）
				A	B	C	D	E	
4　安全文明生产，无事故发生	2	A	安全文明生产，操作规范，穿电工鞋						
		B	安全文明生产，操作规范，但未穿电工鞋						
		C	能遵守安全操作规程，但未达到文明生产要求						
		D	未经允许擅自通电，但未造成设备损坏或在操作过程中烧断熔断器						
		E	未答题						
合计配分	15		合　计　得　分						

考评员（签名）：

等级	A（优）	B（良）	C（及格）	D（较差）	E（差或未答题）
比值	1.0	0.8	0.6	0.2	0

"评价要素"得分＝配分×等级比值。

电工（五级）操作技能鉴定

试 题 单

试题代码：1.3.2。

试题名称：三相异步电动机正反转控制电路安装和调试。

考核时间：60 min。

1. 操作条件

（1）电气控制线路接线鉴定板。

（2）三相异步电动机。

（3）连接导线、电工常用工具、万用表。

2. 操作内容

三相异步电动机正反转控制电路如图 6—2 所示。

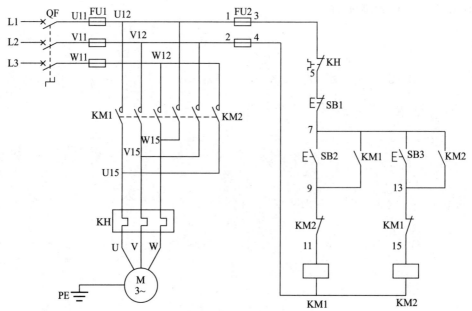

图 6—2　三相异步电动机正反转控制电路

（1）在电气控制线路接线鉴定板上接线。

（2）完成接线后进行通电调试和运行。

（3）电气控制线路及故障现象分析（抽选 1 题）

1）KM1 接触器的常闭触头串联在 KM2 接触器线圈回路中，同时 KM2 接触器的常闭触头串联在 KM1 接触器线圈回路中，这种接法有什么作用？

2）如果电路出现只有正转没有反转控制的现象，试分析接线时可能发生的故障。

3. 操作要求

（1）根据给定的设备、仪器和仪表，完成接线、调试和运行。

（2）板面导线必须经线槽敷设，线槽外导线必须平直、各节点必须紧密，接电源、电动机、按钮等的导线必须通过接线柱引出。

（3）安装接线完毕，经考评员允许方可通电调试，如遇故障自行排除。

（4）安全生产，文明操作。未经允许擅自通电，造成设备损坏者，该项目零分。

电工（五级）操作技能鉴定

答 题 卷

考生姓名：　　　　　　　　　　　准考证号：

试题代码：1.3.2。

试题名称：三相异步电动机正反转控制电路安装和调试。

考核时间：60 min。

按考核要求书面说明（抽选 1 题）：

1. KM1 接触器的常闭触头串联在 KM2 接触器线圈回路中，同时 KM2 接触器的常闭触头串联在 KM1 接触器线圈回路中，这种接法有什么作用？

2. 如果电路出现只有正转没有反转控制的现象，试分析接线时可能发生的故障。

电工（五级）操作技能鉴定

试题评分表

考生姓名：　　　　　　　　　　准考证号：

试题代码及名称			1.3.2 三相异步电动机正反转控制电路安装和调试	考核时间				60 min	
评价要素	配分（分）	等级	评分细则	评定等级					得分（分）
				A	B	C	D	E	
否决项			未经允许擅自通电，造成设备损坏者，该项目零分						
1 根据电路图接线和安装	12	A	接线完全正确，接线安装规范						
		B	接线安装错 1 处						
		C	接线安装错 2 处						
		D	接线安装错 3 处及以上						
		E	未答题						
2 通电调试和运行	8	A	通电调试运行步骤、方法与结果完全正确						
		B	通电调试运行失败 1 次，结果正确						
		C	通电调试运行失败 2 次，结果正确						
		D	通电调试运行失败						
		E	未答题						
3 用书面形式回答问题	3	A	回答完整，内容正确						
		B	回答不够完整						
		C	—						
		D	回答不正确						
		E	未答题						

续表

试题代码及名称			1.3.2 三相异步电动机正反转控制电路安装和调试			考核时间			60 min
评价要素	配分（分）	等级	评分细则	评定等级					得分（分）
				A	B	C	D	E	
4	安全文明生产，无事故发生	2	A	安全文明生产，操作规范，穿电工鞋					
			B	安全文明生产，操作规范，但未穿电工鞋					
			C	能遵守安全操作规程，但未达到文明生产要求					
			D	未经允许擅自通电，但未造成设备损坏或在操作过程中烧断熔断器					
			E	未答题					
合计配分	25		合 计 得 分						

考评员（签名）：

等级	A（优）	B（良）	C（及格）	D（较差）	E（差或未答题）
比值	1.0	0.8	0.6	0.2	0

"评价要素"得分＝配分×等级比值。

电工（五级）操作技能鉴定

试 题 单

试题代码：2.2.1。

试题名称：荧光灯照明电路故障分析和排除。

考核时间：30 min。

1. 操作条件

（1）荧光灯照明线路排除故障模拟鉴定板。

（2）荧光灯照明电路图。

（3）电工常用工具、万用表。

2. 操作内容

（1）根据荧光灯照明线路排除故障模拟鉴定板和荧光灯照明电路图（见图6—3），对故障现象和原因进行分析，找出实际具体故障点。

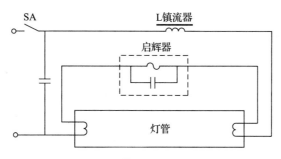

图 6—3 荧光灯照明电路图

（2）将故障现象、故障原因分析、实际具体故障点填入答题卷中。

（3）排除故障，使荧光灯照明电路恢复正常工作。

3. 操作要求

（1）检查故障方法和步骤应正确，使用工具应规范。

（2）安全生产，文明操作。未经允许擅自通电，造成设备损坏者，该项目零分。

电工（五级）操作技能鉴定

答 题 卷

考生姓名：　　　　　　　　准考证号：

试题代码：2.2.1。

试题名称：荧光灯照明电路故障分析和排除。

考核时间：30 min。

1. 第一题

故障现象＿＿＿＿＿＿＿＿＿＿＿＿＿＿＿＿＿＿＿＿＿＿＿＿＿＿

＿＿＿＿＿＿＿＿＿＿＿＿＿＿＿＿＿＿＿＿＿＿＿＿＿＿＿＿＿＿＿＿

＿＿＿＿＿＿＿＿＿＿＿＿＿＿＿＿＿＿＿＿＿＿＿＿＿＿＿＿＿＿＿＿

分析可能的故障原因＿＿＿＿＿＿＿＿＿＿＿＿＿＿＿＿＿＿＿＿＿＿

＿＿＿＿＿＿＿＿＿＿＿＿＿＿＿＿＿＿＿＿＿＿＿＿＿＿＿＿＿＿＿＿

＿＿＿＿＿＿＿＿＿＿＿＿＿＿＿＿＿＿＿＿＿＿＿＿＿＿＿＿＿＿＿＿

＿＿＿＿＿＿＿＿＿＿＿＿＿＿＿＿＿＿＿＿＿＿＿＿＿＿＿＿＿＿＿＿

写出实际故障点＿＿＿＿＿＿＿＿＿＿＿＿＿＿＿＿＿＿＿＿＿＿＿＿

＿＿＿＿＿＿＿＿＿＿＿＿＿＿＿＿＿＿＿＿＿＿＿＿＿＿＿＿＿＿＿＿

2. 第二题

故障现象＿＿＿＿＿＿＿＿＿＿＿＿＿＿＿＿＿＿＿＿＿＿＿＿＿＿

＿＿＿＿＿＿＿＿＿＿＿＿＿＿＿＿＿＿＿＿＿＿＿＿＿＿＿＿＿＿＿＿

分析可能的故障原因＿＿＿＿＿＿＿＿＿＿＿＿＿＿＿＿＿＿＿＿＿＿

＿＿＿＿＿＿＿＿＿＿＿＿＿＿＿＿＿＿＿＿＿＿＿＿＿＿＿＿＿＿＿＿

＿＿＿＿＿＿＿＿＿＿＿＿＿＿＿＿＿＿＿＿＿＿＿＿＿＿＿＿＿＿＿＿

写出实际故障点

电工（五级）操作技能鉴定

试题评分表

考生姓名： 准考证号：

试题代码及名称			2.2.1 荧光灯照明电路故障分析和排除	考核时间					30 min
评价要素	配分（分）	等级	评分细则	评定等级					得分（分）
				A	B	C	D	E	
否决项			未经允许擅自通电，造成设备损坏者，该项目零分						
1	排除故障，写出实际具体故障点	5	A	2个故障排除完全正确					
			B	2个故障点正确确定，但只能排除1个故障点					
			C	确定2个故障点但不能排除，或确定并排除1个故障点					
			D	2个故障点均未能确定					
			E	未答题					
2	根据设定的故障，以书面形式写出故障现象	2	A	通电检查，2个故障现象判别完全正确					
			B	通电检查，2个故障现象判别基本正确					
			C	通电检查，1个故障现象判别正确，另1个判别不正确					
			D	未进行通电检查判别，或通电检查时不会判别故障现象					
			E	未答题					
3	根据故障现象，对故障原因以书面形式做简要分析	2	A	2个故障原因分析完全正确					
			B	2个故障原因分析基本正确，但均不完整					
			C	1个故障原因分析基本正确，另1个故障原因分析不正确					
			D	2个故障原因分析均错误					
			E	未答题					

续表

试题代码及名称				2.2.1荧光灯照明电路故障分析和排除						考核时间	30 min
评价要素		配分（分）	等级	评分细则	评定等级						得分（分）
					A	B	C	D	E		
4	安全文明生产，无事故发生	1	A	安全文明生产，操作规范，穿电工鞋							
			B	安全文明生产，操作规范，但未穿电工鞋							
			C	能遵守安全操作规程，但未达到文明生产要求							
			D	未经允许擅自通电，但未造成设备损坏或在操作过程中烧断熔断器							
			E	未答题							
合计配分		10		合　计　得　分							

考评员（签名）：

等级	A（优）	B（良）	C（及格）	D（较差）	E（差或未答题）
比值	1.0	0.8	0.6	0.2	0

"评价要素"得分＝配分×等级比值。

电工（五级）操作技能鉴定

试 题 单

试题代码：2.3.4。

试题名称：三相异步电动机连续运行与点动控制电路故障分析和排除。

考核时间：30 min。

1. 操作条件

（1）三相异步电动机控制线路排除故障模拟鉴定板。

（2）三相异步电动机连续运行与点动控制电路图（见图6—4）。

（3）电工常用工具、万用表。

2. 操作内容

（1）根据三相异步电动机控制线路排除故障模拟鉴定板和三相异步电动机连续运行与点动控制电路图，利用万用表等工具进行检查，对故障现象和原因进行分析，找出实际具体故障点。

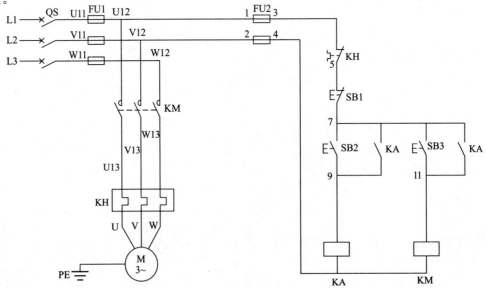

图6—4 三相异步电动机连续运行与点动控制电路

（2）将故障现象、故障原因分析、实际具体故障点等填入答题卷中。

（3）排除故障，使电路恢复正常工作。

3. 操作要求

（1）检查故障方法和步骤应正确，使用工具应规范。

（2）安全生产，文明操作。未经允许擅自通电，造成设备损坏者，该项目零分。

电工（五级）操作技能鉴定

答 题 卷

考生姓名：   准考证号：

试题代码：2.3.4。

试题名称：三相异步电动机连续运行与点动控制电路故障分析和排除。

考核时间：30 min。

1. 第一题

故障现象_____

_____

分析可能的故障原因_____

_____

_____

_____

写出实际故障点_____

_____

2. 第二题

故障现象_____

_____

分析可能的故障原因_____

_____

写出实际故障点

电工（五级）操作技能鉴定

试题评分表

考生姓名：　　　　　　　　**准考证号：**

试题代码及名称	2.3.4 三相异步电动机连续运行与点动控制电路故障分析和排除				考核时间				30 min	
评价要素	配分（分）	等级	评分细则	评定等级					得分（分）	
				A	B	C	D	E		
否决项			未经允许擅自通电，造成设备损坏者，该项目零分							
1　根据设定的故障，以书面形式写出故障现象	5	A	通电检查，2 个故障现象判别完全正确							
		B	通电检查，2 个故障现象判别基本正确							
		C	通电检查，1 个故障现象判别正确，另 1 个判别不正确							
		D	通电检查，2 个故障现象均判别错误							
		E	未答题							
2　根据故障现象，对故障原因以书面形式做简要分析	8	A	2 个故障原因分析完全正确							
		B	2 个故障原因分析基本正确							
		C	1 个故障原因分析正确，另 1 个故障原因分析不正确							
		D	2 个故障原因分析均有错误							
		E	未答题							
3　排除故障，写出实际具体故障点	10	A	2 个故障排除完全正确							
		B	1 个故障排除正确，另 1 个故障排除不正确							
		C	经返工后能排除 1 个故障							
		D	2 个故障均未能排除							
		E	未答题							

续表

试题代码及名称			2.3.4三相异步电动机连续运行与 点动控制电路故障分析和排除						考核时间		30 min
评价要素		配分 （分）	等级	评分细则	评定等级						得分 （分）
					A	B	C	D	E	
4	安全文明生产，无事故发生	2	A	安全文明生产，操作规范，穿电工鞋						
			B	安全文明生产，操作规范，但未穿电工鞋						
			C	能遵守安全操作规程，但未达到文明生产要求						
			D	安全文明生产差，操作不规范						
			E	未答题						
合计配分		25		合计得分						

考评员（签名）：

等级	A（优）	B（良）	C（及格）	D（较差）	E（差或未答题）
比值	1.0	0.8	0.6	0.2	0

"评价要素"得分＝配分×等级比值。

电工（五级）操作技能鉴定

试 题 单

试题代码：3.2.5。

试题名称：单相桥式整流、电容滤波电路安装和调试。

考核时间：30 min。

1. 操作条件

（1）基本印制电路板。

（2）万用表1个。

（3）焊接工具1套。

（4）相关元器件1袋。

（5）变压器1台。

2. 操作内容

（1）用万用表测量二极管、三极管和电容，判断好坏。

（2）按单相桥式整流、电容滤波电路（见图6—5）的元器件明细表配齐元器件，并检测筛选出技术参数合适的元器件。

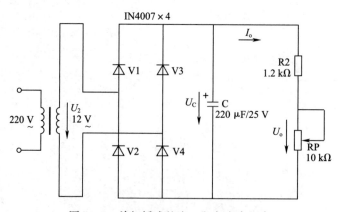

图6—5 单相桥式整流、电容滤波电路

（3）按单相桥式整流、电容滤波电路进行安装。

（4）安装后，通电调试并测量电路的外特性，通过测量结果说明电路为什么有这样的外特性。

（5）把输出电流调到 8 mA，测量在断开一个二极管、断开滤波电容、断开一个二极管及滤波电容情况下的输出电压，通过测量结果说明为什么有这样的故障现象。

3．操作要求

（1）根据给出的印制电路板和仪器仪表，完成焊接、调试和测量工作。

（2）调试过程中一般故障自行解决。

（3）焊接完成后，经考评员允许方可通电调试。

（4）安全生产，文明操作。未经允许擅自通电，造成设备损坏者，该项目零分。

电工（五级）操作技能鉴定

答 题 卷

考生姓名：　　　　　　　　　　准考证号：

试题代码：3.2.5。

试题名称：单相桥式整流、电容滤波电路安装和调试。

考核时间：30 min。

1. 元器件检测

(1) 判断二极管的好坏_____并选择原因_____。

    A. 好　　　　　　　　B. 坏　　　　　　　　C. 正向导通，反向截止

    D. 正向导通，反向导通　　　　　　E. 正向截止，反向截止

(2) 判断三极管的好坏_____。

    A. 好　　　　　　　　B. 坏

(3) 判断三极管的基极_____。

    A. 1 号脚为基极　　　B. 2 号脚为基极　　　C. 3 号脚为基极

(4) 判断电解电容_____。

    A. 有充放电功能　　B. 开路　　　　　　C. 短路

2. 测量电路的外特性并填入表中，通过测量结果说明电路为什么有这样的外特性。

输出电流（mA）	2	4	6	8	10
输出电压（V）					

3. 把输出电流调到 8 mA，测量在下列各种故障情况下的输出电压，通过测量结果说明为什么有这样的故障现象（抽选一个故障点）。

故障点	输出电压
断开一个二极管	
断开滤波电容	
断开一个二极管及滤波电容	

电工（五级）操作技能鉴定

试题评分表

考生姓名：　　　　　　　　准考证号：

试题代码及名称			3.2.5单相桥式整流、电容滤波电路安装和调试			考核时间	30 min
评价要素	配分（分）	等级	评分细则	评定等级 A B C D E			得分（分）
否决项			未经允许擅自通电，造成设备损坏者，该项目零分				
1　元器件检测	5	A	全对				
		B	错1项				
		C	错2项				
		D	错3项及以上				
		E	未答题				
2　按电路图焊接	3	A	焊接元器件正确无误，且焊点齐全、光洁、无毛刺、无虚焊				
		B	焊接元器件有错，能自行修正，且无毛刺、无虚焊				
		C	焊接元器件有错，能自行修正，焊接质量差，有毛刺、有虚焊				
		D	焊接元器件经自行修正还有错				
		E	未答题				
3　万用表使用	6	A	正确使用万用表测量和读数				
		B	测量和读数错1～2个				
		C	测量和读数错3～4个				
		D	测量和读数错5个以上				
		E	未答题				
4　通电调试	4	A	通电调试完全正确				
		B	通电调试错1次				
		C	通电调试错2次				
		D	通电调试错3次及以上				
		E	未答题				

续表

试题代码及名称			3.2.5 单相桥式整流、电容滤波电路安装和调试		考核时间				30 min
评价要素		配分（分）	等级	评分细则	评定等级				得分（分）
					A	B	C	D	E	

			等级	评分细则	A	B	C	D	E	
5	电路工作原理分析	5	A	外特性和故障现象分析完全正确					
			B	外特性和故障现象分析不够完整					
			C	外特性或故障现象分析有 1～2 处错误					
			D	外特性或故障现象分析有 3 处及以上错误					
			E	未答题					
6	安全文明生产，无事故发生	2	A	安全文明生产，操作符合规程					
			B	操作过程中损坏元器件 1～2 个					
			C	操作过程中损坏元器件 3 个及以上					
			D	不能安全文明生产，不符合操作规程					
			E	未答题					
合计配分		25		合 计 得 分					

考评员（签名）：

等级	A（优）	B（良）	C（及格）	D（较差）	E（差或未答题）
比值	1.0	0.8	0.6	0.2	0

"评价要素"得分＝配分×等级比值。